ゾンビスクラム サバイバルガイド

健全なスクラムへの道

Zombie Scrum Survival Guide

Christiaan Verwijs・Johannes Schartau・Barry Overeem

木村卓央・高江洲 睦・水野正隆

丸善出版

ゾンビスクラムサバイバルガイドを、今まさにゾンビスクラムと戦っているすべての名もなき犠牲者と世の中に知られていないヒーローたちに捧げる。私たちはあなたを支援するためにここにいる。

デイヴ・ウェストによる序文

　スクラムは最も広まっているアジャイルフレームワークとしてアナリストやマスコミに取り上げられており、何百万もの人が日々スクラムを利用しているだろうと言われています。その影響力を確認するためには、**スクラム**と書かれた T シャツを着て空港の中を歩いてみるとよいでしょう。人々はあなたの足を止め、スクラムについて質問したり、○○や××の支援はできるのかと尋ねてきます。スクラムを使っていても、最大限に活用できていない人がたくさんいるのです。クリスティアーン、ヨハネス、バリーが書いているように、彼らはまるでゾンビのように行動し、スクラムの作成物、イベント、役割を、何も考えずに取り入れているだけで、実際にはスクラムの恩恵を得られていないのです。

　でも、希望はあります！ゾンビスクラムは、集中力と忍耐力があれば治せるのです。チームや組織を助けるために、クリスティアーン、ヨハネス、バリーはこの素晴らしい**サバイバルガイド**を書きました。チームや組織がスクラムの使い方を改善し、優れた成果を上げるための本です。これは、『プロフェッショナルスクラムシリーズ』の他の書籍を完全に補完する本であり、複雑で時に混沌とした世界で価値を届けるために、スクラムチームの能力向上に焦点を当てています。

　ゾンビスクラムのアンチテーゼであるプロフェッショナルスクラムは、2 つの要素から構成されています。1 つ目はスクラムであり、スクラムガイドに記載されているフレームワークはもちろんですが、フレームワークが土台としている基礎も含まれています。基礎とは、経験的プロセス、権限を与えられた自己管理チーム、そして継続的改善に集中することです。2 つ目として、フレームワークとそのアイデアを取り囲むように次の 4 つの要素があります。

- **規律**：スクラムを効果的に使うためには、規律が必要です。学びを得るにはプロダクトを届けなければなりません。スクラムの仕組みを実行しなけ

ればなりません。問題の理解、自分のスキル、役割についての先入観に挑戦しなければなりません。透明で構造化されたやり方で働かなければなりません。規律は厳しく、次々と問題がさらけ出され、努力が無駄に思え、不公平に感じるかもしれません

- **振る舞い**：スクラムの価値基準は、スクラムを成功させる文化を支援する必要性に応え、2016 年にスクラムガイドに導入されました。スクラムの価値基準は、実践することでアジャイルな文化を推し進められる 5 つのシンプルな考えを示しています。勇気、集中、確約、尊敬、公開は、スクラムチームとその組織の両方が示すべき振る舞いです

- **価値**：スクラムチームは、解決すればステークホルダーに価値をもたらす問題に取り組み、その仕事に対価を払ってくれる顧客のために働きます。しかし、問題が複雑であるため、その関係は複雑です。顧客自身が何を望んでいるのかわからなかったり、ソリューションの経済性がはっきりしなかったり、品質や安全性がわからなかったりします。自分たちの能力を最大限に発揮する。そして、与えられた制約の中で顧客のニーズに一番合ったソリューションを届け、すべての関係者にとって正しいことをする。それが、プロフェッショナルなスクラムチームの仕事です。そのためには、透明性、チームメンバー間や顧客への尊敬、そして真実を明らかにしようとする健全な好奇心が必要です

- **コミュニティへの積極的な参加**：スクラムは少人数のチームスポーツです。これは、チームのスキルや経験では解決できない問題を解決しようとする勝ち目のない戦いが、多くなってしまうことを意味します。効果的でプロフェッショナルなスクラムチームになるためには、コミュニティの他のメンバーと協力して、新しいスキルを学び、経験を共有する必要があります。コミュニティのアジリティを向上させる支援をすることは、なにも人のためばかりではありません。価値あることを学べることが多く、それを持ち帰り、自分のチームに役立てることができるからです。プロフェッショナルスクラムは、チームを助けるアイデアや経験を交換できるプロフェッショナルな人の繋がりを形成することを奨励しています

　プロフェッショナルスクラムとゾンビスクラムは、永遠に戦い続ける宿敵です。一瞬でも油断すると、ゾンビスクラムは蘇ります。この本では、クリスティアーン、ヨハネス、バリーの3人が油断しないためのガイドを説明しています。また、ゾンビになってしまったときの見分け方と、ゾンビになるのを防ぐ方法の実用的なヒントも提供しています。ユーモラスかつ非常にビジュアルな内容は、ゾンビスクラムハンターにとって必携の書となるでしょう。

　ゾンビスクラムとの戦い、ご武運を！

——デイヴ・ウェスト（Dave West）
Scrum.org CEO

ヘンリ・リプマノヴィッチによる序文

　スクラムは優れたフレームワークです。しかし（「しかし」は何にでも付きものですよね？）誰しもそうであるように、スクラムのユーザーや実践者は、不完全で、多様で、予測不可能です。無口な人やおしゃべりな人、消極的な人や声が大きい人、無謀な人や慎重な人、直線的に思考する人や創造的に思考する人、威張る人や臆病な人など、皆それぞれの自分らしさを持っています。グループで作業をしていると、スクラムマスターを含む全員がいつもの癖をつい出してしまいます。言い方を変えると、すべてのスクラムイベントは、機能不全に陥らせかねない人間的な要因をはらんでいるということです。そのため、場にいる人の個性によらず、すべてのイベントの効果が最大化されるように、スクラムの実践者は適切なテクニックを使ってフレームワークを強化する用意をしなければならないのです。要するに、すべてのスクラムイベントが生産的で、魅力的で、やりがいのある、楽しいものになるように、十分にファシリテートする必要があります。

　リベレイティングストラクチャーは、スクラムを完璧に補完する理想的な強化剤です。第1に、使いやすく柔軟性があり、効率的で効果的です。第2に、とても重要なことですが、リベレイティングストラクチャーはすべての参加者を積極的に巻き込み、彼らが貢献できるようにします。その結果、スクラムイベントがすべての人にとって生産的でやりがいのあるものになるのです。

　スクラムチームはいくつかのリベレイティングストラクチャーの使い方[*1]を学ぶと、仕事や仕事以外のあらゆる状況で普遍的かつ日常的に使えるツールを

[*1]　（訳者注）ここで紹介されているものは、次のサイトで詳細を調べることができる。http://www.liberatingstructures.com/ls-menu/

身につけられます。例えば、シンプルな「1-2-4-All」や「即興のネットワーキング（Impromptu Networking）」は、スプリントレビュー、スプリントプランニング、スプリントレトロスペクティブの際に、グループの思考をずっと深くすることができます。「最小限のスペック（Min Specs）」や「エコサイクル計画づくり（Ecocycle Planning）」は、プロダクトオーナーがステークホルダーと協力してプロダクトバックログを並べ替えるのに役立ちます。また、「カンバセーションカフェ（Conversation Café）」「トロイカコンサルティング（Troika Consulting）」「ワイズクラウド（Wise Crowds）」のような進め方は、複雑な課題や懸念事項を乗り越え、信頼を構築するために使えます。この本を通して、スクラムチームがゾンビスクラムを克服するために、リベレイティングストラクチャーをどのように使うことができるのか、たくさんの例が紹介されていることに気づくでしょう。

　バリー、クリスティアーン、ヨハネスは、このとても実用的な本で、成功体験をまとめ、みなさんを奮い立たせる事例を共有するという素晴らしい仕事をしました。彼らはありのままに伝えることをためらいませんでした。だからこそ、彼らの提案は事実にもとづいており、常に役に立つのです。

——ヘンリ・リプマノヴィッチ（Henri Lipmanowicz）
リベレイティングストラクチャー　共同設立者

日本語版刊行に寄せて

　『ゾンビスクラムサバイバルガイド』は、2020 年 11 月に発売されて以来、多くの方々に読んでもらっています。私たちは、ゾンビスクラムに陥っているチームを助けるためにこの本を書きました。ゾンビスクラムは、遠くから見るとスクラムのようでも、近くで見るとそれとは程遠い、やる気を失わせる残念な状態です。リリースがなく、チームは実際のステークホルダーと仕事をせず、自律性がなく、改善もありません。多くのチームが私たちの本から恩恵を受けられていることに、恐縮するとともに奮い立つ思いがします。これまで 15,000 人以上の方々が、ゾンビスクラムに対処しているかどうかを調べるために、スクラムチームの調査に参加してくれています。それでもまだ、私たちはゾンビスクラムとの戦いが始まったばかりだと感じています。

　ようやく多くの日本の読者にこの本を届けることができ、私たちは大変うれしく思っています。私たちの日本の友人である水野 正隆、木村 卓央、高江洲 睦が、この本を見事に翻訳してくれました。この日本語版は、世界からゾンビスクラムをなくすための、さらなる大きな前進になります。私たちは、みなさんのような日本のスクラム実践者が、できるだけ多くのチームをゾンビスクラムから回復させることを期待しています。

　もしあなたがこの本を握りしめ、絶え間ないゾンビの攻撃に疲れ、過去の楽しい思い出にしがみつこうとしているなら、あなたは 1 人ではないことを知ってほしいです。あなたはもう、ゾンビスクラムレジスタンスの一員であり、ゾンビスクラムが根絶されるまで戦い続ける世界的なムーブメントの一員なのです。この本が、あなたの行動を引き起こし、回復のプロセスを始めるきっかけとなりますように。自分の無力さを感じることは多いと思います。しかし、この本の知識が、あなたやあなたの周りの人たちに何が起こっているのかを理解する助けとなり、そのプロセスを変える方法を示してくれるでしょう。そして、実験をするこ

とによって少しずつ前進できるようになるでしょう。

　私たちがついてます。地球の反対側から、あなたの可能性を信じ応援しています。さあ、外に出て変化を起こしましょう。Ganbatte！

クリスティアーン、ヨハネス、バリー

2022 年 4 月

謝辞

　この本の表紙には、3 人の著者名しかありませんが、はるかに多くの人たちによってこの本は実現しました。まず、Scrum.org の Dave West、Kurt Bittner、Sabrina Love には、ゾンビスクラムの本を書くにあたり、支え、励まし、信頼してくれたことに感謝します。特に、Kurt Bittner には深く感謝しています。長たらしくなっていた章を、繰り返しレビューしてくれました。彼はプロダクトオーナーのように、私たちが最も重要なことに集中し、それ以外のことには（たとえつらくても）「ノー」と言えるようにしてくれました。

　ピアソン社のチーム、Haze Humbert、Tracy Brown、Sheri Replin、Menka Mehta、Christopher Keane、Vaishnavi Venkatesan、Julie Nahil にも感謝します。彼らは、出版業界の慣習にとらわれず、漸進的な執筆、レビュー、編集を提案した私たちを信頼してくれました。また、この本をレビューし、徹底したフィードバックで私たちをサポートしてくれたスクラムマスターたち Ton Sweep、Thomas Vitzky、Saskia Vermeer-Ooms、Tom Suter、Christian Hofstetter、Chris Davies、Graeme Robinson、Tábata P. Renteria、Sjors de Valk、Carsten Grønbjerg Lützen、Yury Zaryaninov、Simon Flossman に深く感謝します。この本は、みなさんのおかげで、ずっとずっとよいものになりました。

　特に、この本を生き生きとさせてくれたのは、Thea Schukken です。彼女は、素晴らしく、巧妙で、おもしろい、この本のすべてのイラストを作成し、私たちが熱望していたビジュアルな観点を加えてくれました。また、ブログにちょっとした記事を書いた際に、意見や感想をくれたコミュニティのみなさんにも助けてもらいました。

　私たちの仕事や考え方は、巨人の肩に乗っています。なによりもまず、スクラムフレームワークの生みの親である Ken Schwaber と Jeff Sutherland です。彼らの成し遂げたことは、私たちだけでなく、多くの人の人生を変えました。Keith

McCandless と Henri Lipmanowicz も同様に、規模を問わずグループのすべての人たちを解放し、巻き込む方法として、リベレイティングストラクチャーを収集し考案しました。その他にも、Gunther Verheyen、Gareth Morgan、Thomas Friedman、そして、Scrum.org の多くのプロフェッショナルスクラムのトレーナーや世話役たちも、私たちの仕事を方向づけ、導いてくれました。

　私たちが乗っているもう 1 つの肩は、私たちのパートナー、Gerdien、Fiona、Lisanne、そして私たちの家族です。この本を書くために夜な夜な部屋に籠もることになった私たちを、ずっと支えてくれました。

　しかし、最も重要な謝辞は、ステークホルダーに価値を届けるために懸命に働いているすべてのスクラムマスター、プロダクトオーナー、そして開発チームの方々、特に、過酷なゾンビスクラムであるにも関わらず活動を続けている方々に対して送ります。私たちは、みなさんの粘り強さに恩義を感じています。この本はあなたのためにあります。

著者紹介

クリスティアーン・フルヴァイス（Christiaan Verwijs）は、バリー・オーフレイムと共に The Liberators の共同創設者の1人である。The Liberators のミッションは、スクラムとリベレイティングストラクチャーを使って組織の強大な力を解き放つことである。彼は、埃っぽい引き出しのどこかに、組織心理学とビジネスインフォメーションテクノロジーの学位を持っている。そして、大小の組織で、開発者、スクラムマスター、Scrum.org のトレーナーや世話役を務めてきた。その間、彼は重度のゾンビスクラムを患っている多くのチームを見てきた。そして、それらのチームが回復への道を見つけてきた様子も見てきた。彼は（ブログやコードを）書くことや、読むこと、ゲームが大好きだ。また、レゴに夢中で、ホームオフィスに持ち込めるだけたくさんのレゴを詰め込んでいる。彼の文章は medium.com/the-liberators で読むことができる。

ヨハネス・シャルタウ（Johannes Schartau）は、アジャイルプロダクト開発と組織改善のコンサルタント、トレーナー、コーチである。（アマゾンのシャーマニズムに焦点を当てた）民族学、心理学、テクノロジー、インテグラルシンキング、複雑系科学、スタンダップコメディに関心を持ってきた。そして 2010 年にスクラムを紹介された際、それらを最終的に統合した。それ以来、組織で働く人々と一緒に、あらゆる角度から組織を探求することに専念している。彼の使命は、ヘルシーアジャイルとリベレイティングストラクチャーを世界中に広めることで、職場に活気と意義を取り戻す

ことだ。仕事以外では、鋳鉄（ジムでもキッチンでも*2）、総合格闘技、ユーモア
に情熱を注いでいる。誇り高い夫であり、2人のやんちゃな少年の父親であるこ
とが、彼の人生に意味と素晴らしさを与えている。

　　　　　　　　　　　バリー・オーフレイム（Barry Overeem）は、The Liberators
のもう1人の創設者である。The Liberators のミッションに
沿って、彼はインスピレーションの源としてスクラムとリベ
レイティングストラクチャーを使い、組織を時代遅れの働き方
や学び方から解放（liberate）している。当初はジャーナリス
トや教師になることを目指していたが、最終的には経営学の学
位を取得した。20年以上のキャリアの前半は、アプリケーションマネージャー
と IT プロジェクトマネージャーとして過ごした。2010年にソフトウェアを開
発する環境で働いていたときに、スクラムで最初の実験を始めた。この10年間、
彼は多種多様なチームや組織と一緒に仕事をしている。そこではゾンビスクラ
ムが治らないところもあれば、何とか立ち直ったところもあった。2015年には
Scrum.org にトレーナーとして参加し、クリスティアーンと共にプロフェッショ
ナルスクラムマスターⅡクラスを作成した。ゾンビスクラムと戦っていないとき
は、読むことや書くこと、長距離のウォーキング、子供の Melandri、Guinessa、
Fayenne との時間を楽しんでいる。

イラストレーターについて

　シーア・シュッケン（Thea Schukken）は、Beeld in Werking 社の創設者だ。
ビジュアルファシリテーターとして、複雑な情報をシンプルかつ魅力的なイラス
ト、アニメーション、インフォグラフィックで表現する。IT とマネジメントの
25年以上に及ぶ経験を、絵の表現力に活かしている。この本では、私たちのス
トーリーをシンプルでパワフルなイラストで描き、どのようにゾンビスクラムを
認識して回復するかという、私たちのメッセージを伝えてくれている。

---

*2　（訳者注）鋳鉄製のジム用品（ダンベルなど）キッチン用品（グリルパンなど）のこと。

図: Beeld in Werking の創設者シーア・シュッケンは、ゾンビスクラムサバイバルガイドに 50 以上のイラストを描いてくれた。

目次

第5部　自己組織化する　　　　　　　　　　　　　207

第11章　症状と原因　　　　　　　　　　　　　　　209

補足

- この本の中の「実際にどのくらい悪いのか？」の診断結果は、2019 年 6 月から 2020 年 5 月の間に自己申告形式での調査に参加した 1,764 チームの回答をもとにしています。各トピックは 10〜30 の質問で計測され、10 点満点中 6 点以下のチームの割合を表しています。
- ゾンビスクラム診断（survey.zombiescrum.org）は、Scrum Team Survey（scrumteamsurvey.org）にリニューアルされています。著者に確認したところ元の URL も利用可能です。
- 2022 年 9 月末現在、「応急処置キット」は原書とのセット販売となっています。サイトは予告なく閉鎖され、またディスカウントコードも変更され得ること、ご承知置きください。
- エピグラフの翻訳にあたり、参考にした文献等を巻末の参考文献にまとめて掲載しました。

第1章
はじめに

生存者か死者しかいない世界で、協力して生き延びるんだ。

——リック・グライムズ『ウォーキング・デッド』

この章では

- チームのスクラムの使い方に問題があるかもしれないことを認識しよう
- この本の目的を見ていこう
- この本の対象読者を知ろう

　ゾンビスクラムレジスタンスへようこそ！　メンバーにはさまざまな特典がある。その1つが『ゾンビスクラムサバイバルガイド』だ！　あなたの手元にはすでにあるだろう。このガイドには我々の経験が詰まっている。ゾンビスクラムとの戦いに必要なものがすべて揃っているのだ。

　あなたがこの本を手に取ったのは、チームや組織のスクラムの使い方で何かがおかしいと感じたからかもしれない。今朝何気なくオフィスに行ったら、何体ものゾンビに見つめられていることに気づいたからかもしれない（図1.1）。いずれにせよ、困難な状況に追い詰められ、このガイドを読んでいると思う。おそらくあなたは、ロッカーの中や山のように積まれたスプリントゴールのテンプレートの下、あるいは先月のレトロスペクティブの結果が書かれたフリップチャートの後ろに隠れているのかもしれない。誰もしばらくの間、あなたを見つけられないだろう。しかし、時間は大切だ。遠回しな言い方をせず、すぐに本題に入ろう。

図 1.1: いつものオフィス?

『ゾンビスクラムサバイバルガイド』との出会い

あなたは1年前からチーム「パワーレンジャー」のスクラムマスターとして働いています。スクラムを始めたときは、すべてが上手くいっているように見えました。あなたは、プロダクトの小さくてインクリメンタルなバージョンを構築するというアイデアが好きでしたし、チームもそのアイデアを気に入っているようでした。

しかし、どこかはわかりませんが何かが上手くいかなくなりました。上手くいっていないということだけは確かです。例えば、スクラムイベントの進め方を考えてみました。デイリースクラムでは、みんな自分が取り組んだことをずっと話し続けるだけで、いつも時間がかかりすぎていることを誰も気にも留めません。「継続的改善」を行うはずのスプリントレトロスペクティブでは、毎回同じようなつまらない改善案(「ルーターを直す」「もっとおいしいコーヒー」「ティミーは好きじゃない[1]」)を出しますが、決して実行されることはありません。あなたは最初これに驚いていましたが、チームがいつも使っているやり方のコツを掴んでくれることを期待していました。しかし今では、臭い会議室で過ごした退屈な時間からは何も生まれないと諦めて

います。ただし、将来的に何かをするための備忘録として、そこで使われた付箋だけは引き出しにしまっています。

　スプリントレビューの話はしたくありません。「もうすぐ終わります」という、スプリントの終わりのあの気まずい瞬間……出席者が開発チームだけ（たまにプロダクトオーナーも参加しますが）なのは、大した問題ではありません。作業を終わらせるための別スプリントが常にあるのです。とうとうプロダクトオーナーも気にしなくなってしまいました。

　「ゾンビスクラム」の世界へようこそ。この世界は、人間は本物のスクラムを真似しているだけで、生きることも戦うこともなく、ただひたすらに作業を進めている悲惨な状況です。でも、誰も気にしていないのに気にする必要はあるのでしょうか。時間が経つにつれて、この組織のスクラムとはそういうものらしいと、あなたは不本意ながら受け入れられるようになってきました。しかしまだ、あなたには物事はもっとよくなるはずだという粘り強い思いがあります。そんなとき『ゾンビスクラムサバイバルガイド』を見つけました。

実際にどのくらい悪いのか？

私たちは survey.zombiescrum.org のゾンビスクラム診断を使って、ゾンビスクラムの蔓延と流行を継続的に監視している。これを書いている時点で協力してくれたスクラムチームの結果は以下のとおりだ。

- 77%：顧客と積極的にコラボレーションしていないか、顧客が何を必要としているかについて明確なビジョンを持っていない
- 69%：共有された目標を中心に自己組織化できる環境では仕事をしていない
- 67%：スプリントごとに高品質で動くソフトウェアを届けられていない
- 62%：ゆっくり時間をかけて改善できる環境では仕事をしていない
- 42%：スクラムは自分たちにとってあまり効果的ではないと感じている

---

*1　（訳者注）ティミーはドラマ『ウォーキング・デッド』に出てくる登場人物。

この本の目的

　スクラムに関する優れた本がたくさん出ているのでぜひ読んでみよう。では、この本を読む価値は何だろうか。私たちは複数のスクラムチームと仕事をする中で、繰り返し発生する現象があることに気がついた。それは、ほとんどの人が熱意を持って始めたものの、しばらくすると自己満足に陥り、ただただ作業を進めるだけになってしまうということだ。不思議なことに、コミュニティの中でこのことを話したり、上手くいっていないことを素直に認めたりする人はほとんどいなかった。そこで私たちは、何体かのゾンビを捕獲し（図 1.2 参照）、データを集め、自分たちの仮説をテストすることにした。これは私たちだけが遭遇していることなのだろうか、それとも実際に蔓延している現象なのだろうか。事態は、私たちが思っていたよりも深刻であることがわかった。

　『ゾンビスクラムサバイバルガイド』は、ゾンビスクラムから回復に向かう実践的な戦略について書かれた本だ。この本の執筆にあたり、私たちは 3 つの原則を念頭に置いた。

- 経営陣の支持があることも、チームメンバー全員が変化に熱心であることも、組織全体が関与することも前提にしない。代わりに、私たちの調査によってわかった「ほとんどのスクラムチームは、小さな変更を行うことでさえも難しい環境に身を置いていることに気づいている」という立場で執筆する
- ゾンビスクラムがなぜ起こっているかを根本的なレベルで理解し、改善に取りかかるための実践的なツールを身につけてもらいたい
- あなたが直面している困難な課題解決に着手するため、組織内外を問わずコミュニティを作る手助けをしたい

図 1.2: ありがたいことに、話をしてくれるゾンビを捕まえることは難しくなかった

この本は必要？

　この本は、スクラムを上手く使えていないと感じているすべての人のために書かれたものだ。あなた自身がスクラムチームのメンバーかもしれないし、スクラムチームと密に仕事をしているかもしれない。それは、スクラムのすべての特徴を持っているにもかかわらず、働いているところでは「スクラム」とは呼ばれていないかもしれない。

　もしかしたら、上手くいっていないことを簡単に指摘できるかもしれない。あるいは、期待したとおりにスクラムが機能していなくて、何かがおかしいと感じているだけかもしれない。あなたがスクラムマスターであろうと、プロダクトオーナーであろうと、開発チームのメンバーであろうと、アジャイルコーチであろうと、管理職であろうと関係ない。

　どこでどんな仕事をしていても、一緒に仕事をしているスクラムチームが、表 1.1 で示したチェックリストに 1 つでも当てはまることがあるなら、この本はあなたの役に立つだろう。

表 1.1: ゾンビスクラム診断チェックリスト

下の項目に心当たりはある？	はい！
スプリントの終わりに検査する動くプロダクトがない	
スプリントレトロスペクティブは退屈で同じことの繰り返しになりがち	
スプリント中、チームメンバーはたいてい自分のアイテムに取り組むだけ	
プロダクトオーナーは、プロダクトバックログの内容や順序について、ほとんど何も言うことができない	
スプリントレビューにステークホルダーがめったに参加しない	
スプリントが上手くいかなくても、チームの誰も悪いと思っていない	
あなたの組織は「ビジネス」と「IT」を別物と考えている	
スクラムチームに楽しさやワクワク感がない	
デイリースクラムは、スクラムマスターが議長を務める進捗報告会にすぎない	
最近のスプリントレトロスペクティブで最も重要な改善項目は、カフェテリアのコーヒーをよりよいものにすることだった	
管理職は、スクラムチームがどれだけの作業ができるかにしか興味がない	

スクラムチームをチェックしてみよう
ゾンビスクラムはより狡猾になっているので、見破るのは難しい。
survey.zombiescrum.org のゾンビスクラム診断で、あなたのチームを無料で診断しよう。

この本の構成

　腹を空かせたゾンビに囲まれていたら、すべてを読んでいる暇はないだろう。今すぐ行動すべきだ。次の章に**応急処置キット**がある。これを使えばできるだけ素速く危険から逃れるための行動を起こせる。

　最初の衝撃を乗り越えたら、この本を読み込んで回復に役立つ戦略を見つけよう。この本には、たくさんの伝えたいことと提案したい実験を 5 つの部に分けて書いてある。各部は、ゾンビスクラムが現れる領域に焦点を当てている。あなたは、最も重要だと思う部を先に読んでから、他の部を読むことができる。

- **第 1 部「（ゾンビ）スクラム」** ゾンビスクラムの症状と原因、蔓延の仕方など、ゾンビスクラムがどのように見えるかを探ることで以降の話題に備える。次に、スクラムフレームワーク*2 の根本的な目的と、どのように複雑な問題をコントロールしてリスクを軽減するのか理解を助ける

- **第 2 部「ステークホルダーが求めるものを作る」** スクラムチームはステークホルダーに価値を届けるために存在する。しかし、ゾンビスクラムに苦しむチームは、ステークホルダーからあまりにも距離が遠く、ステークホルダーのニーズがわからないため、価値とは何かが全くわかっていない

- **第 3 部「速く出荷する」** 速く出荷することで、スクラムチームはステークホルダーが何を必要としているのかを学び、間違ったものを作るリスクを減らすことができる。ゾンビスクラムが蔓延している組織では、これが非常に難しく、チームは効果的に学ぶことができない

- **第 4 部「継続的に改善する」** スクラムチームが顧客の必要としているものを構築し、より速く出荷しようとすると、たくさんの手強い阻害要因*3 が表面化する。たとえ一歩ずつであっても、それらの阻害要因が解決されないと、上手くいかない。ゾンビスクラムではそれらが解決されることはほとんどなく、チームはスタート地点で立ち往生したままである

- **第 5 部「自己組織化する」** スクラムチームが自律性を持ち、自分たちの仕事の進め方をコントロールできるようになると、継続的に改善することも、すべての手強い阻害要因を取り除くことも容易になる。残念ながら、ゾンビスクラムが蔓延している組織では、チームが自己管理する能力が制限されているため、実際には誰も、一歩も前に進めていない

---

*2　（訳者注）この本は、2017 年版のスクラムガイドを使ってスクラムを説明している。

*3　（訳者注）この本では、impediment を阻害要因と訳している。

　各部は似た構成になっている。最初は私たちの経験した事例から始める。あなたは、この事例には見覚えがあるかもしれない。それを思い出すのはつらいことかもしれないが、私たちは最悪の事態に備えてほしいと思っている。

　事例の後は、調査結果を発表する。そして、あなたが読んでいる部におけるゾンビスクラムの最も一般的な症状を説明する。私たちの調査にもとづいて、あなたはこの領域のゾンビスクラムを確実に特定する方法を学び、何が原因なのかを理解する。これは、とても重要なことだ。ゾンビスクラムがどのように現れるのかを理解するのに役立ち、何が起こっているのかを説明したり、他の人に私たちのミッションに参加してもらいやすくなるからだ。

　症状と原因についての調査結果を発表した後、回復に向かうためにすぐに試せるさまざまな実験を提案する。すべての実験は、著者たちの実体験にもとづいている。単純明快なものもあれば、多くの努力とエネルギーを必要とするものもある。しかし、そのすべてにおいて結果は保証されている。これでゾンビスクラムがすぐに治る可能性は低いが、これらの実験はあなたが置かれている状況を改善してくれるだろう。ほとんどの実験は、少し変えればリモートチームでも使用できる。しかし、一部の実験には創造性を必要とするものもある。さらなる情報と実験については、**zombiescrum.org** を参照してほしい。

　最後の章は、**回復への道**を歩み始めるのに役立つ。どんなに悪いことがあっても希望は常にある。すべてのゾンビスクラムは治療して完治できるのだ。

一刻の猶予もない！　さあ行こう！

　私たちは、同じこの悪夢の中にいる。何年も前に何か手を打つべきだった。私たちがゾンビスクラムレジスタンスの参加者を集めるよりも速く、ゾンビスクラムになって人がいなくなってしまった（図 1.3 参照）。

　このサバイバルガイドは、ゾンビスクラムとの戦いで使用する多くの価値ある実験をあなたに授ける。私たちは、ゾンビスクラムがどのように世界中に蔓延したかを詳細に説明するような時間の無駄遣いはしない。その代わりに、ゾンビスクラムとの戦いの準備をし、すぐにチームの中で力を発揮してほしい。

図 1.3: ゾンビスクラムレジスタンスに参加しよう

「新人くん、常に覚えておこう！ 精神は君の最も強い武器だ！他の人の助けを借りることで、さらに精神は研ぎ澄まされる。ゾンビスクラムレジスタンスは君のような人のために存在する。戦うのは君 1 人だけじゃないってことさ！」

第2章
応急処置キット

生きていても死んでいても、真実は止まらない。できるうちに立ち上がりなさい。

——Mira Grant "Feed"

　そう、今まさに、あなたのチームや組織でゾンビスクラムが発見された。この応急処置キットで、まず最初に何をすればよいかがわかり、ゾンビスクラムとの戦いを始められる。

表 2.1: ゾンビスクラムと戦うための応急処置キット

	1. 責任を取る この状況を引き起こしたのはあなたではないが、あなたのような人が一歩踏み出さない限り、何も変わらない。他人のせいにしたり、隠れたりしてはいけない。責任ある行動の手本となり、自分が気づかぬうちにゾンビスクラムの一因になっていないかを調べよう
	2. 状況を把握する 何が起こっているのか、できるだけ多くのことを調べよう。どんな問題があるのか、それはどのように発生しているのか、それを裏付ける根拠はあるのか、なぜチームや組織がそれを気にする必要があるのか。これらの質問に答えられなければ、あなたは 1 人で戦うことになる

3. 気づかせる

チーム内外に何が起きているのかを気づかせよう。彼らはまだ気づいていないかもしれない。ゾンビスクラムが引き起こした問題によって、チームと組織が失ったものを見えるようにして、危機意識を生み出そう

4. 他の生存者を探す

あなたが一度でも気づきを与えれば、組織の中で問題に気づき始めた人たちを見つけられるだろう。味方を増やし回復力を高めるためにグループを結成しネットワークを作ろう

5. 小さく始める

すぐに「大きなもの」に取りかかるのではなく、自分でコントロールできる小さくて漸進的な変更から始めよう。ゾンビスクラムからの回復は複雑な作業なので、進めるにつれて状況は変化する。素速く対応するために短いフィードバックサイクルを使おう

6. 前向きでいる

不満、冷笑、嫌味は誰の助けにもならないし、チームをゾンビスクラムに陥れる原因にもなりかねない。代わりに、上手くいっていること、改善されていること、一緒に働くとできることを伝えよう。不都合な真実も隠さず、ユーモアを使って雰囲気を和らげよう

7. 祝福する

ゾンビスクラムから一夜にして回復することはない。状況が改善したことに気づくまで、しばらく時間がかかるだろう。それは問題ない。どんなに小さな改善であっても、成功したときは一緒にお祝いし、やがて来るであろう、ぶり返しや停滞を中和しよう

8. 助けてくれる人を探す

自分の組織の外に助けてくれる人がいないか探そう。地域のスクラムミートアップを始めたり、参加したりしよう。自分に刺激をくれるスクラムマスターに声を掛けよう。同じような課題に直面している人たちと一緒にワークショップや講習に参加しよう

　応急処置キットの続きは、**zombiescrum.org/firstaidkit** からダウンロードしよう[*1]。キットには、この本に書かれているいくつかの役立つ実験道具だけではなく有用な演習も含まれている。物理版を注文することもできる。

[*1]（訳者注）原著とのセット販売になっているが、支払い時のディスカウントコードに、"nonetheless"と入力すると無料でゾンビスクラム応急処置キットをダウンロードできる。

第1部

（ゾンビ）スクラム

第 **3** 章
ゾンビスクラム入門

人間が食料以外を追い求めてエネルギーを浪費していることが、ゾンビには信じられない。

——Patton Oswalt "Zombie Spaceship Wasteland"

この章では

- ゾンビスクラムの症状と原因を理解しよう
- ゾンビスクラム診断であなたのチームを診断しよう
- ゾンビスクラムから回復できることを知り、ほっと胸をなでおろす

「よし、新人くん。応急処置キットを使って、少しは安全な環境にいることと思う。深呼吸しよう。ゾンビに襲われる可能性は今や 100% を切った！ これは大きな進歩だ。君が戻って治療法を見つけようとウズウズしているのはわかっている。今は、ここでじっとしていろ！ ゾンビスクラムの感染を瞬時に見分ける能力が必要だ。この知識は人命を救うことができる。もちろん子猫ちゃんもだ！」

現場の経験談

　数年前、私たちが仕事をしていたある大手金融機関は、1年で50以上のスクラムチームを展開するという、見たところ完璧なトランスフォーメーション計画を立てていました。毎週、新しいスクラムチームが複数立ち上がり、誰もが興奮でざわめいていました。「スクラムオブスクラム」が始まり、大部屋計画[*1]が開催され、リリーストレイン[*2]が計画されました。年末には、トランスフォーメーション計画が完了し、「アジャイルトランスフォーメーションは成功した！」と盛大なパーティーが開催されました。

　しかし、彼らはスプリントごとに完了したストーリーポイントと、スプリントバックログのアイテムがすべて完了したかどうかといった、チームの忙しさだけを「成功」を測る指標として使っていました。チームはこれらの指標で他のチームと頻繁に比較され、もっと多くの仕事をこなすように奨励されました。また、大きな組織的な阻害要因を追求するのではなく、チーム内で改善できることに集中するように求められました。みんなが惑わされ、操られ、コントロールされていると感じていました。指標はとても忙しいことを示していましたが、何かがおかしいと誰もが感じていました……。

　アジャイルトランスフォーメーションが始まってから2年後、彼らは何が間違っているのかを特定するために、さまざまな種類の指標を検討し始めました。そして、どれだけの作業が行われているかに焦点を当てるのではなく、より直接的にアジリティを計測する指標を追跡し始めました。具体的には、ストーリーポイントの追跡と比較をやめて、プロダクトバックログからアイテムを取り出して、作業を開始してから出荷するまでの時間（サイクルタイム）、届けたものに対して顧客がどれだけ満足しているか（顧客満足度）、チームがどれだけ幸せか（チームのやる気）、開発に投資した費用からどれだけの利益が得られたか（費用対効果[*3]）、届けたものの品質（総欠陥数など）、チームがイノベーションにどれだけの時間を費やしているか（イノベーション率）を計測することに移行しました。

　最初の結果が出たとき、誰もがショックを受けました。サイクルタイムが長くなり、顧客満足度が低下し、チームは不満を抱き、費用対効果が非常に

低く、欠陥の数が急増し、その結果、イノベーションに費やす時間がなくなっていたのです。

　何が起こっていたのでしょうか？　彼らは作成物、役割、イベントなどスクラムフレームワークを構成すると思っていたものすべてを規定どおりに実践していました。さらにスクラムオブスクラム、ストーリーポイント、大部屋計画といった追加のプラクティスも行っていました。なぜスクラムは、期待どおりの結果にならなかったのでしょうか？

スクラムの現状

　スクラムがやけに人気があることは間違いない。世界中の多くの組織で採用されている。Scrum.org と Scrum Alliance という 2 つの公式団体が一緒になってスクラムフレームワークを広く普及させており、世界中に何百人ものトレーナーがいる。認定者は 100 万人以上だ。スクラムに関する数え切れないほどの本や漫画、記事が書かれており、どの国にも 1 つ以上のユーザーグループがある。YouTube では、スクラムに関する歌も見つけることができるのだ！

　スクラムは、アジリティが獲得できることを期待され、多くの組織に採用されるアジャイルフレームワークとなった。多くの組織やチームがスクラムを試しているという事実は、たしかに祝福すべきことではある。しかし一方で、その多くはスクラムを実践していると思っているが形だけになってしまっている。先ほどの事例のように、ほとんどの組織はつらい日常の中で身動きができず、そこから脱却しようともがいているのだ。

　組織の全員が認定を受け、役割、イベント、作成物が整い、実践を支援してくれる高給取りの（外部）コーチやトレーナーが大勢いるときには、組織やチーム

---

*1　（訳者注）プロダクトのステークホルダーを大きな部屋に集めて実施する計画セッション。
*2　（訳者注）大規模開発においても頻繁なリリースを実現するために、各チームの反復のサイクルを合わせ、数反復ごとに固定周期でリリースする手法のこと。
*3　（訳者注）原文にはなかったが追加した。

図 3.1: アジャイルトランスフォーメーションプロセス

はスクラムをやっていると思いがちだ（図 3.1 参照）。スクラムの目的や根底に
ある価値と原則をほとんど教えてもらっていないのに、彼らがやっているこのよ
うな「チェックリストスクラム」を誰も責められないだろう。

　各スプリントの終わりに価値ある有用なインクリメントがない、つまりステー
クホルダーにリリースする準備が整っている新しいバージョンのプロダクトがな
い場合には、スクラムフレームワークがもたらす変化は表面的なものにとどま
る。残念なことに、第 7 章「症状と原因」で説明する理由によって、スクラム
チームにとってスプリントの最後にリリースすることが困難な進め方で、作業が
組まれていることが多い。そのため、スクラムチームは根が深いこの問題を解決
するのではなく、「ここでは上手くいかない」と諦めてしまう。あるいはもっと
悪いことに、ステークホルダーの価値や（さらなる）迅速な対応から、いかに組
織の焦点がずれているかを暴いた、スクラムフレームワークのほうが非難されて
しまう。

　いつものハンバーガーとビールに、サラダを加えて健康的な食事にしようとし
ても意味はないのと同じで、壊れたシステムの上に別のよいアイデアを加えて
も、魔法のような改善は起こせない。妨げになっているシステムを変えるには、
規律と勇気と決意が必要だ。だが、そういったものが、そうそう湧き上がること
はない。

　このような表面的なスクラムは、私たちがゾンビスクラムと呼んでいるものに

なりやすい。世の中にはさまざまなスクラムがあるのだ（第 1 章「実際にどのくらい悪いのか？」参照）。

ゾンビスクラム

　ゾンビスクラムを簡単に説明すると、スクラムに似ているが心臓の鼓動がない。それは霧の立ち込める夜に、足を引きずりながらあなたに向かってくるゾンビのようだ。「足は 2 本、腕は 2 本、頭は 1 つ、よし！」遠くから見ると問題なさそうに見えるが、近くで見ると、命懸けで逃げなければならないことはすぐわかる。明らかに何かがおかしい！

　ゾンビスクラムも同じだ。遠くから見ると、スクラムチームはスクラムフレームワークどおりの動きをしているように見える。スプリントプランニングはスプリント開始時、デイリースクラムは 24 時間ごと、スプリントレビューとスプリントレトロスペクティブはスプリント終了時に行われる。そして、完成の定義もある！ スクラムガイドをチェックリストにすると、チームは「本に書いてあるとおりにスクラムをやっている」と言えるだろう。しかし、仕事の進め方をサポートするどころか、スクラムは面倒な作業のように感じられる。心臓の鼓動がなく、脳もあまり働いていない。

　私たちの研究室の内外で長年にわたり調査し、以下の 4 つの重要な領域にゾンビスクラムが現れることがわかった。

症状 1 : ゾンビスクラムチームはステークホルダーのニーズを知らない

　人間を襲って肉を貪る映画のゾンビとは違い、ゾンビスクラムの影響を受けたチームは、人から隠れて自分たちが慣れ親しんだ環境に身を置くことを好む（図3.2 参照）。彼らはバリューチェーンの上流も下流も気にしない。ディスプレイの後ろに隠れて、分析、設計、実装に忙しくしていれば安全だと考えている。ゾンビスクラムチームは、自分たちは歯車の一部なので何も変えられないと思い込んでいるか、あるいはそもそも変える気がない。残念ながら、多くの場合、この比喩は当たっている。

図 3.2: ゾンビスクラムチームは、こんな風に恥ずかしがり屋だ

　彼らの仕事や、彼らの仕事が行われるシステム（組織の仕組み）も、プロダクトを実際に使ったり、プロダクトにお金を支払ったりする人々から、遠ざけるように設計されていることが多い。従来の組織では、マネージャーが管理し、アナリストが分析し、デザイナーが設計するように、開発者はコードを書くだけだ。開発者は仕事が終わると、その仕事を他の人に引き継ぎ、その仕事がどうなったのかを知らずに次の仕事に取りかかる。このような昔ながらの縦割りのサイロ思考は、ステークホルダーと一緒に価値あるプロダクトを創るために必要なスキルと振る舞いを持つ、クロスファンクショナルチームという考え方に反している。

　その結果、チームは価値の疑わしい機能を大量に次々と生み出してしまう。その機能は、ステークホルダーが実際に必要とはしていないもの、または、あるとうれしいがなくても構わないものの可能性がある。おそらくプロダクト開発における最大の無駄（たいして価値のない平凡なプロダクト）を生み出しているのだ。

症状2：ゾンビスクラムチームは速く出荷しない

　ゾンビスクラムに苦しむチームは、スプリントの最後に価値のあるものを届けるのに苦労している。多くの場合、動くインクリメントすらない。もしあったとしても、それがステークホルダーにリリースされるまでに何ヶ月もかかる。スクラムチームはスクラムの形だけをなぞっているが、検査したり、適応したりすることはほとんどない（図3.3参照）。

図 3.3: 申し訳ありませんが、動くプロダクトはありません。だけど、画面イメージの
プレゼンテーションなら大丈夫です

　この症状はスプリントレビューで明らかになる。ステークホルダーは作成され
たプロダクトを自分で直接さわり、検証する機会がない。チームはプロジェク
ターの電源を入れて派手なプレゼンテーションをしたり、スクリーンショットを
見せたり、スプリントバックログにあった内容をただ話すのみである。プロダク
トが検査されたとしても、「次のスプリントで終わらせます」とか「おっと、まだ
動かない」などのコメントが付けられるか、非常に技術的な話かのどちらかだ。
気づきにくいサインとしては、スプリントレビュー中の相互作用の欠如が挙げら
れる。意見を表明したり、提案したり、新しいアイデアを議論したりすることも
ない。ステークホルダーはめったに参加しないし、プロダクトオーナーは何でも
OK のように見える。プロダクトの新バージョンを検査するのではなく、スプリ
ントレビューは主に仕様が満たされているかをチェックする。それはすべてが退
屈で、脳も働かず、心もない。そして、そのことを誰も気にしていないようだ。
　さわれるものを検査し、話をすることで、プロダクトの価値や開発の方向性を
決定するための重要な会話が生まれる。ステークホルダーが実際にさわることが
できる潜在的にリリース可能なプロダクトのバージョンは、信じられないほど素
晴らしい会話のきっかけになり、正確なドキュメントよりも多くの疑問に答えて
くれる。何がどうあるべきかについて想像や思い込みに頼るのではなく、プロダ
クトを直接試す機会を得たときだけ、正しい質問やコメントが生まれるのだ。

　この症状は、チームが「完成」をどう定義しているかにも表れる。ゾンビスクラムに苦しむチームは、マシン上で動作し、コードがコンパイルされ、見た感じ壊れていないなら、もう完成していると思っている。テスト、セキュリティチェック、パフォーマンス計測、デプロイなど、品質の高いものを届けるために必要なすべての作業は、他のどこかで行われるか、全く行われない。

　スプリントの終わりに、チームが価値のある有用なプロダクトインクリメントを届けられなければ、スクラムは無意味だ。それは、本物の車に乗っているふりをして、公園にあるスプリングで揺れる車に乗っているようなものだ。派手で印象的なエンジン音を出したり、高価なレース用メガネをかけたりしても、何の役にも立たない。

症状 3：ゾンビスクラムチームは（継続的に）改善しない

　腕がもげても文句を言わないゾンビのように、ゾンビスクラムチームは、スプリントが成功しようが失敗しようが何の反応も示さない。他のチームが毒を吐いたり喜んだりしていても、彼らは感情もなく諦めたような虚ろな目でじっと眺めているだけだ。チームの士気は低い。スプリントバックログアイテムは、何の疑問もなく次のスプリントに持ち越される。「なんで、持ち越しちゃ駄目なの？　どうせ次のスプリントはあるんだし、そもそも繰り返す必要あるの？」図 3.4 がそれを物語っている。

　スプリントバックログアイテムは特定のスプリントゴールに紐づいていない。だから、チームメンバーがプロダクト開発の不毛の荒れ地を目的もなく重い足取りで歩き続けている中、チームが終わりだと思ったらいつでも終わらせることができる。道しるべもなく、方向性もなく、バラバラで、道には荒野の回転草が転がっている。感情も向上心もなく、夕日に向かってのろのろと歩いているのだ。

　チームを責めることはできない。プロダクトオーナーは、スプリントレビューやスプリントプランニングにほとんどいない。その仕事が実際にステークホルダーにとってどれだけ価値のある有用なものかではなく、どれだけの仕事をこなしたかが重要なのだ。このような状況なので、何が失われたのかを考える時間もない。チームは非常に不安定で、メンバーは自分の専門的なスキルが最も必要とされる他のチームに頻繁に移ってしまう。また、チームを成長させるためのスク

図 3.4:「壊れてなければ直さない」車輪が外れても、エンジンがプッスンプッスンと音を立てても、その音でお互いの声が聞こえない

ラムマスターもいない。そして、ボトルネックの中には現実にあるものもあれば、思い込みにすぎないものもある。要するに、何も改善されないということだ。そもそも改善したいという願望があったとしても、ゾンビスクラム界での生活という過酷な現実にすぐに打ち砕かれてしまう。そして、チームはあちこちで手足を失い、うめき声をあげながらもがいている。

症状 4：ゾンビスクラムチームは障害を克服するための自己組織化をしない

　ゾンビスクラムが蔓延している環境で働いているスクラムチームは、最高のプロダクトを作るために必要な人たちと柔軟な連携ができない（図 3.5 参照）。自分たちでツールを選択することも、自分たちのプロダクトに関する重要な決定を下すこともできない。ほとんどすべてのことに許可を求めなければならず、その要求[4]はよく却下される。このような自律性の欠如は、オーナーシップの欠如という非常にわかりやすい結果をもたらす。実際にプロダクトを形づくることに関

---

　[4]　（訳者注）この本では、request を要求、requirement を要件として訳し分けた。

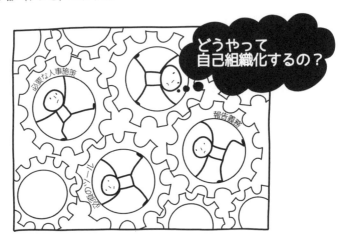

図 3.5: 機械の歯車のようなもの。全然融通が利かない

われてもいない人が、プロダクトの成功を気にするだろうか。

　しかし、たまにゾンビスクラムチームが幸運を掴むことがある。マネージャー
が「アジャイル」についての何かを読んで、チームにもっと任せることにした。
そして、これでチームがすぐに自律的になると宣言したのだ。問題は、チームが
自分で判断する許可を与えられたからといって、自己組織化[*5]が起こるわけでは
ないということだ。チームは自分たちの自律性をコントロールするためのスキル
を身につけなければならない。その結果、チームや部署を超えた組織と協調でき
るようになり、またその支援を受けられるようになる。もし、支援を受けられな
いのなら、失敗は避けられないだろう。そしてマネージャーは、この「アジャイ
ルってやつ」が上手くいかないことをさらに証明してしまう結果となり、以前よ
りもっと厳しくコントロールするだろう。

すべては繋がっている

　先ほども述べたように、この4つの症状は密接に繋がっている。スプリントで
動くプロダクトインクリメントがめったに出てこない場合、チームはスクラムフ

[*5] 第11章参照。

レームワークが提供する短いフィードバックループの恩恵を受けることができない。ステークホルダーからのフィードバックが不足しているということは、プロダクトやその用途に関する重要な仮説を検証するために必要な機会が失われていることを意味する。この短いフィードバックループの肝である鼓動がなければ、スプリントのタイムボックスに違和感を感じても不思議ではない。このような環境では、チームは、それぞれのスプリントを最大限に活用したいとは思わないし、スプリントがゴールを達成できなかったときに、ガッカリすることもない。そして、これがスクラムのあるべき姿ではないと気づいても、自分たちでは変える力がなく身動きできない環境だと感じ、変化を起こすことはない。

これってカーゴカルトスクラムやダークスクラムの話？

　ウェブで検索すると、「カーゴカルトスクラム（Cargo Cult Scrum）」「メカニカルスクラム（Mechanical Scrum）」「ダークスクラム（Dark Scrum）」など、間違ったスクラムを表現する多くの比喩が出てくる。私たちはゾンビが大好きで、それを文章に取り入れるためにどんな口実でも使おうという事実はさておき、「ゾンビスクラム」は、モチベーションの欠如、改善活動の欠如、そしてこの不自然なスクラムを特徴づけるスローペースを強調していると感じている。さらに、おもしろく大げさな比喩は、真剣に楽しむための機会を多く与えてくれる。最初に笑った後に、批判的に精査することで、改善する方法についてのインサイトが得られるかもしれない。

ゾンビスクラムに希望はあるか？

　いったんゾンビスクラムになると、ずっとゾンビスクラムのままなのだろうか？　幸いなことに答えは「ノー」だ。まず第一に、スクラムを始めたほとんどのチームは、最初にゾンビスクラムのいくつかの症状にかかるだろう。失敗から学び、乗り越える方法を見つけることができれば、それは何も悪いことではない。スクラムのようなフレームワークを使って経験的に進めていくことは、組織が慣れ親しんできたこれまでのやり方と矛盾することが多い。それを一度にすべてを変えることは不可能だ。プロダクトを届けるのと同じように、段階的にスクラム

を適用する方法を学ばなければならないのだ。これには長い時間とたくさんの学習が必要だろう。

　第二に、チームが長い間ゾンビスクラムを患っていたとしても、ゾンビスクラムから回復できることが経験からわかっている。確かに、回復には痛みを伴い困難で時間もかかる。しかし、間違いなく全快は可能なのだ。そのため、私たちはゾンビスクラムを予防し、対処するための実験が詰まった本を書くのに時間をつぎ込んできたのだ。

　それにもかかわらず、ゾンビスクラムは世界規模で広がり、規模に関係なく多くの組織の存在を脅かしている。私たちはこのつらい現実に立ち向かわなければならない。ゾンビスクラムに苦しんでいる新しいチームの数は急速に増加しており、部門全体が毎週のようにゾンビ化しているのだ。ほとんどの組織は、この感染の深刻さがわかった途端にパニックになる。そして、最初のパニックが収まった後に、拒否反応が始まることが多い。それは次のような意見として現れる。

- 「今までのやり方が、ここでの仕事のやり方だ」
- 「ここは独特な組織なので、スクラムを教科書どおりにやるのは難しすぎる」
- 「すべてのスクラムセレモニーをしているような時間はないよ」
- 「うちの開発者はただコードを書きたいだけだ。『本物の』スクラムをやったって、彼らの生産性は下がるばかりだ」
- 「従業員の成熟度をレベル5まで上げたら、スクラムは上手くいくでしょう」

　この本の目的は、ゾンビスクラムとの戦いに役立つ具体的な実験を提案することだ。このアプローチは、あなたが勇敢で大胆で凶暴であることを必要とする。私たちは、あなたとあなたのチームならできると確信している！　覚えておいてほしい。あなたは1人ではない。一緒にゾンビスクラムと戦う世界的なムーブメントの一員なのだ！

実験：一緒にチームを診断する

　この本では、チームでできる実験や介入方法をたくさん紹介している。これらはすべて何が起こっているのかを透明を作り、検査を可能にし、適応を促すために設計されている。どの実験も同じ形式で書かれている。目的から始め、次に手順を説明し、何に気を付けるべきかを示している。

　この最初の実験の重要な目的は、透明性を作り、ゾンビスクラムについて対話を始めることである（図 3.6 参照）。これは、回復に向けた大切な一歩であり、やらなければならないことがあるという現実に立ち向かうためのものだ。この実験は、第 2 章「応急処置キット」の最初の 3 つのステップである「責任を取る」「状況を把握する」「気づかせる」を前に進めるのに役立つ。

　この実験はリベレイティングストラクチャーの「What, So What, Now What?」[1] にもとづいている。自信をつけ、小さな成功を祝い、困難を乗り越える力をつけるよい方法である。

図 3.6: 一緒にチームを診断中

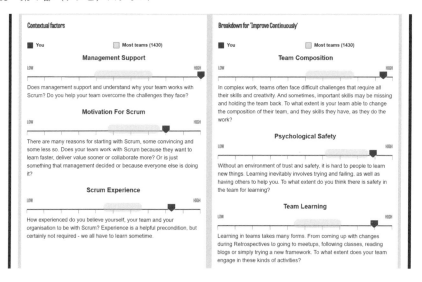

図 3.7: ゾンビスクラム診断終了後に受け取れるレポートの一部

スキル／インパクト比

スキル	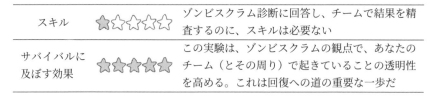	ゾンビスクラム診断に回答し、チームで結果を精査するのに、スキルは必要ない
サバイバルに及ぼす効果		この実験は、ゾンビスクラムの観点で、あなたのチーム（とその周り）で起きていることの透明性を高める。これは回復への道の重要な一歩だ

手順

この実験を行うには、以下の手順に従う。

1. **survey.zombiescrum.org** にアクセスして、スクラムチームのための多岐にわたる無料のゾンビスクラム診断に回答しよう。指示に従って、チームの他のメンバーをゾンビスクラム診断に招待しよう。プライバシーを保護し、結果の悪用を避けるために、診断結果は回答した本人にのみ表示される

2. 回答を終えると詳細なレポート（図 3.7 参照）が受け取れ、誰かがゾンビ
   スクラム診断に参加するたびにそのレポートは更新される。レポートに
   は、ゾンビスクラムの 4 つの症状の結果と、詳細な分析結果、そして結果
   にもとづいたフィードバックやアドバイスも記載されている[*6]

3. 全員が回答したら、1 時間のワークショップを計画して、一緒に結果を詳
   しく確認してみよう。スクラムチーム（プロダクトオーナー、スクラムマ
   スター、開発チーム）だけで行うことをお勧めする

4. ワークショップの準備をしよう。レポートを印刷してコピーを配ったり、
   壁にレポートを貼ったり、あるいは単に図表をスクリーンに表示するだけ
   でもかまわない

5. ワークショップの始めに、目的をはっきりと何度も何度も繰り返し、ワー
   クショップ後の成果で何が起こるか（何が起こらないか）をしっかりと伝
   えよう。改善は常にゆるやかで、漸進的で、多くの場合やっかいなプロセ
   スだ。このワークショップは改善のステップであることを忘れずに強調し
   よう

6. 個人で静かに数分間、レポートを確認し気になった結果をメモしてもらお
   う。そして「どんな結果が気になりましたか？」と質問する。まず最初の
   ラウンドは、いきなり結論に飛びつかないで事実にこだわるように促す。
   次に、ペアになって観察結果を数分間共有し、類似点や相違点に注目して
   もらう。8 人以上の場合は、さらにペアとペアで合流し、観察結果を数分
   間共有してパターンに注目してもらう。そして、そのグループで最も重要
   な気づきを全体に共有してもらい、その場にいる全員が見える形で記録し
   よう

7. 6 で説明した進め方に沿って、質問を変えてさらに 2 回繰り返す。ラウン
   ド 2 では、「これはチームの仕事にとって、どういう意味がありますか？」
   ラウンド 3 では、「チームとして改善するために、自由と自律性はどこで
   発揮できますか？　私たちがコミットできる、小さな最初の一歩は何です
   か？」最も際立った成果を必ず記録し続けるようにしよう

[*6]（訳者注）ゾンビスクラム診断は、どんどんバージョンアップしている。翻訳時点は 4 つの症
状だけではなく、観点を増やした形でレポートをまとめている。

8. 次のスプリントのスプリントバックログに最も重要で実行可能な改善を入れよう。改善し続けるために、必要に応じて他の人にも参加してもらおう

私たちの発見

- 多くの潜在的な改善点が見つかり、何もしないという悪魔のささやきにそそのかされることもあるだろう。しかし、まずは 1 つ改善することに集中しよう。その改善が 1 回のスプリントで実行できないほど大きい場合は小さくしよう

- この診断に回答をお願いしたということは、あなたを信頼して正直に回答してくれるようにお願いしたことになる。そのことに敬意を払おう。関係者全員からはっきりと承認を得ていない限り、レポートをチーム外の人に広めたり、経営陣に送ったりしてはならない

- レポートを使ってチームを比較してはならない。そうしてしまうと、すぐに信頼を失うことになる。失った信頼を取り戻すには長い時間がかかるだろう

次はどうしたらいいんだ？

この章では、遠くから見るとゾンビスクラムがいかにスクラムに似ているかを見てきた。ゾンビスクラムは、役割、イベント、作成物など、すべてのパーツは揃っている。しかし、心臓の鼓動はない。頻繁なリリースもなく、ステークホルダーもほとんど関与していない。自分たちがやっていることに対して誰も当事者意識を持っておらず、たいていは、この状況について何かをしようという意欲もない。残念ながら、私たちが収集したデータによると、このような状況はよくあることだ。

幸いなことに出口はある。ゾンビスクラムからの回復は自力で行わなければならないように思うかもしれない。実際私たちは多くのチームや組織がそうしているのを見てきた。この本の残りの部分は、ゾンビスクラムの原因を理解するのを助け、チームで改善に取りかかるためのものである。

第4章
スクラムの目的

多くの場合、学校に行くのは最高の選択だ——教育を受けるためでなく、ゾンビから身を守るために、だが。

——マックス・ブルックス『ゾンビサバイバルガイド』

この章では

- 本来のスクラムとゾンビスクラムの違いを知ろう
- スクラムフレームワークの根本的な目的を理解し、スクラムが大切にしている複雑な問題のコントロールとリスクの軽減を理解しよう

　私たちは付箋の裏、ホワイトボードの裏、ベッドの下など、ゾンビスクラムの対処法を必死に探した。そして、症状を研究し、原因を追跡してみた。早い話が、ゾンビスクラムの原因を語るとき、たいてい次のような疑問にたどり着く。「そもそもスクラムフレームワークを使う理由は何か？」「そこから何を得たいと思っているのか？」。虚ろな目でこの質問に答えるような環境でゾンビスクラムが蔓延するのは、永遠のテーマである。

　ゾンビスクラムからの回復は、スクラムフレームワークの目的を理解することから始まる。ゾンビが新鮮な脳みそを食べたい欲望によって突き動かされていることがわかれば、ゾンビからできるだけ離れておくという賢明な決断ができる。しかしゾンビスクラムに近づかないようにするには、スクラムフレームワークの目的を理解して終わりではない。そこから、ステークホルダーに早期に価値を届

けることを妨げる要因を取り除く困難な作業が続く。あなたが何を目指している
のかわからないなら、効果的にゾンビスクラムを治すことは難しいだろう。スク
ラムフレームワークの目的を理解することで、この本で紹介する実験や介入がど
のように関係しているのかが明確になる。

　この章では、スクラムフレームワークの目的と、それを達成するため
にスクラムフレームワークの各要素がどのように連携しているのかを
見ていく。フレームワーク全体をもう一度しっかり確認したい場合は、
zombiecrum.org/scrumframework を読んでみよう。

　「新人くん、猛勉強する時間だ！ 私たちの計算だと、扱い方を全
く知らないときに成功する確率は 0% だ。この情報を頭の中にた
たき込むことで、ゾンビのおやつになるのを防げるぞ」

理解するカギは複雑で適応的な問題

　スクラムを採用する理由は何だろうか。スクラムフレームワークはアジャイル
ソフトウェア開発と呼ばれるものの一部である。そして、それが混乱を招くこと
がよくある。私たちがよくやるのは、アジャイルという言葉の同義語を探しても
らうことだ。類語辞書を使うと、**柔軟性**、**適応性**、**機敏性**といった言葉を見つけ
られるだろう。これらは不確実性が高い環境では素晴らしい特性だ。スクラム
は、素速く学習し、その学習にもとづいて調整を行うことができるように設計さ
れている。

　だが、スクラムはいつでもどこでも通用するのだろうか。公式のスクラムガイ
ドの定義が、私たちを正しい方向に導いてくれている。

> **スクラム**（名詞）：複雑で変化の激しい問題に対応するためのフレームワー
> クであり、可能な限り価値の高いプロダクトを生産的かつ創造的に届ける
> ためのものである[2]

　スクラムの目的を理解するカギは、「複雑で変化の激しい問題（複雑で適応的

な問題)[*1]」という言葉にある。短いが見逃しようがないこの一文は、特定の種類の問題に対応する他と異なるアプローチへのウサギの穴[*2]だ。この言葉をもう少し分解してみよう。

問題

　私たちは「問題」をどういう意味で使っているのだろうか。つまらない問いのように思えるかもしれないが、何が問題で何が問題ではないのかを理解することは、スクラムフレームワークの目的を知るよいスタートになる。

　英語の**問題**（Problem）は、「障害」や「障害物」を意味する古代ギリシャ語に由来している。問題とは、私たちが必要なことをしたり知ったりするのを妨げる障害物のことである。まさに、前に進むために解かなければならないパズル（難問）だ。ジグソーパズルと同じように、簡単に明確な成果が得られるときもあれば、がんばっても得られないときもある。

　プロダクト開発においては、いろいろなレベルのさまざまなパズルがある。わかりやすいバグやタイプミスを直したり、画像を差し替えたりするものもあれば、ユーザーグループのニーズに対応する方法を見つけたり、スケーラブルなアーキテクチャを考え出したりするものもある。本質的には、これらの問題の多くは、解決しなければならないたくさんの小さな問題に分解される。

複雑、適応的な問題

　問題の複雑さの程度はさまざまである。それは関係する変数の数（パズルのピース数）と、成功した結果がどんなものかを知っている度合いによる。ジグソーパズルのように、一度にすべてのピースを見て全体像を把握することは難しい。前に進むには、問題を単に分析することから、ピースが合うかどうかを試すことに変える必要がある。

[*1]　（訳者注）Complex Adaptive Problem を、スクラムガイドでは「複雑で変化の激しい問題」と訳しているが、この本では「複雑で適応的な問題」とした。

[*2]　（訳者注）ウサギの穴（rabbit hole）は、なかなか抜け出せずやっかいなことの意味。『不思議の国のアリス』に出てくるウサギの穴に由来する。

　「複雑」とは、問題を分析して考えるだけでは解決策が見つからないことを意味する。多くの要素が絡み合い、ピースがどのように相互作用するかを前もって予測できるものではない。プロダクト開発においては、多くの変数が成功に影響を与える。なかには明白なものもあるが、ほとんどはそうではない。私たちはチームと仕事をする中で、考えている解決策の成功に影響しそうな変数を、ブレインストーミングで出すようによくお願いしている。数分もしないうちに、膨大なリストができあがる。例えば、次のようなものだ。

- この機能に対するユーザーニーズの理解
- コミュニケーションのスタイルやスキルの違い
- 組織内での権限と支援
- チームのスキルレベル
- 意思決定の指針となる明確な目標やビジョン
- 既存のコードベースの品質、規模、知識
- 必要なコンポーネントのサプライヤーとの関係

　ジグソーパズルとは違い、この「パズルのピース」は抽象的で定義が難しい。これらは予測不可能かつ思わぬ形で相互作用しており、あとから見ないと理解できないことが多い。さらにやっかいなことに、プロダクト開発における多くの問題は、明確ですぐにわかる解決策がなく、また絶えず変化する多くの人や観点が影響している。これがプロダクト開発の問題を「複雑**かつ**適応的[*3]」にしているのだ。他の人と仕事をしているうちに、問題や解決策に対する理解は予測不可能かつ思わぬ形で変化する。徐々に変化するときもあれば、急速に変化するときもある。そのため、（新しい）スキルを獲得したり、協力するためのよりよい方法を見つけたりしなければならない。

　複雑で適応的な問題の例として、著者の 1 人が支援に関わったオランダ鉄道のインシデントを管理するプロダクト開発を紹介する。顧客が慣れ親しんでいた開発のやり方とは違い、同じ場所にいるクロスファンクショナルな 6 つのスクラムチームによって、数年に渡って漸進的に開発が行われた。主な複雑さの要因の 1

[*3]　（訳者注）相互作用し、またその相互作用から学習して振る舞いを変える（適応する）ことができる、複数の多様な要素からなる（複雑な）システムのこと。複雑適応系と呼ばれる。

つは、このプロダクトが、線路上やその周辺で何が起こっているかについてリアルタイムに情報を取得、同期、更新するために、何十もの新旧サブシステムと確実に情報交換しなければならないことだった。ときには、情報の正確さが文字どおり人命を左右することもあった。技術的な複雑さは別にしても、このプロダクトは、物流会社、緊急サービス、旅客鉄道サービス、その他の公益事業者など多種多様なパートナーにも利用されるものだった。一見簡単そうなプロダクトバックログアイテムでさえ、パフォーマンスの問題が表面化したり、古いシステムやハードウェアとの互換性が問題となったり、多くのステークホルダーがいるという政治的な現実に直面したりと、予想以上に解決が難しいことも多くあった。プロダクト全体の開発が複雑で適応的な問題であっただけでなく、プロダクトバックログの各アイテムも同じだった。しかし、経験的アプローチのおかげで、チームは今も利用されている成功したプロダクトを漸進的に届けられ、インシデントに対応する時間を 60% 短縮できたのだ。

複雑性、不確実性、リスク

　複雑な問題には、本質的に不確実かつ予測不可能という特徴がある。問題とその解決策のどちらもステークホルダーと積極的に探索する必要があり、明確な成功の定義がないため、先を見ようとすればするほど次に何が起こるのかが、ますますわからなくなる。天気と同じように、明日何が起きるかは察しがつくし、来週何が起こるのかはだいたい予想できる。しかし 1 ヶ月先に何が起こるのかについては全くわからない。この不確実性は本質的にリスクがあることを意味している。それは、間違った方向に進むリスク、間違ったことに時間とお金を費やすリスク、そして、完全に迷子になるリスクである。

　このようなリスクを減らすためのおきまりの戦略は、解決策を実行する前に問題を詳細に分析し、考え過ぎてしまうことだ。単純な問題ではこのアプローチは有効だが、複雑な問題では 1 万ピースのジグソーパズルをピースを見て頭の中だけで組み合わせようとするのと同じくらい筋が悪い。

　それにもかかわらず、多くの組織が複雑な問題に対して、このような取り組みをしている。解決策を検討するためにタスクフォースを作り、設計フェーズにたくさんの時間を使うか、より詳細な計画を要求したりする。ジグソーパズルの

ピースを実際に動かしてピースが合うかどうかを確かめるのではなく、悪魔を祓うかのような儀式にますますのめり込むのだ。しかし、複雑さを祓うための儀式がリスクを軽減することはない。複雑な問題が本質的に制御不能で不確実であるという事実は変わらないからだ。

　ありがたいことに、複雑で適応的な問題のリスクを確実に軽減する素晴らしい方法がある。ここでいよいよ、経験的プロセス制御理論とスクラムフレームワークの出番だ。

経験主義とプロセス制御理論

　私たちは複雑な問題に囲まれている。一見簡単そうな問題も、よく見ると複雑な問題であることがわかる。このような問題の答えを見つける方法の 1 つは推論や直感に頼ることだ。また、過去の経験に頼ることもできる。しかし、これまでやったことがなかったり、変数が常に変化する場合、経験はどれほど頼りにできるのだろうか。

　化学技術者も長い間、複雑な問題と格闘してきた。結論から言うと、一見簡単そうな化学プロセスでさえ、よく見ると複雑である。液体の温度を一定に保つにはどうすればよいのか。輸送のために品質を落とさず原油を加熱するにはどうすればよいのか。これらのプロセスにはたくさんの変数が影響している。そのため、制御には異なるアプローチが必要だ。これは経験的プロセス制御理論と呼ばれる[3]。この制御理論では、考えられる全変数と相互作用を包括的なモデルで把握しようとするのではなく、重要な主要変数を常にセンサーで監視する。そして、その値が閾値を超えた場合、システムを望ましい状態に戻すように、もっと熱を加えたり、空気を抜いたり、水を入れたり抜いたりと他の変数を調整する。ここでは、意思決定するための情報をモデルや仮定から得るのではなく、頻繁な計測にもとづいて調整が行われる短いフィードバックループから得るのだ。

　経験から知識を開発するこの方法は「経験主義」と呼ばれており、古代ギリシャ時代に生まれ、現代科学の基礎となっている。これは、知識にたどり着くために分析と論理的推論が使用される理性主義（ラショナリズム）とは対照的だ。経験主義においては、観察によって検証されるまで、いかなるものも真であるとはみなされない。

　経験的プロセス制御は工業プラントの複雑な化学プロセスを制御するために開発されたが、その原則は他のドメインの複雑な問題にも同じように適用することが可能だ。スクラムフレームワークはその応用の一例である。

経験主義とスクラムフレームワーク

　スクラムフレームワークは 1990 年代にプロダクトやソフトウェア開発固有の複雑さに対処するため、ケン・シュウェーバー（Ken Schwaber）とジェフ・サザーランド（Jeff Sutherland）によって開発された。その後、1995 年に初版の定義が発表された[4]。最近では、スクラムフレームワークは、マーケティング、組織変革、科学研究などさまざまなドメインの複雑な問題に適用されている。スクラムフレームワークは、経験的プロセス制御を可能にする 3 つの柱に支えられている（図 4.1 参照）。

- **透明性**：何が起こっているかを調べるために、指標、フィードバック、その他経験などのデータを収集する
- **検査**：関係者全員で進捗を検査し、それが大きな目標にとって何を意味するかを判断する
- **適応**：大きな目標に近づくように調整する

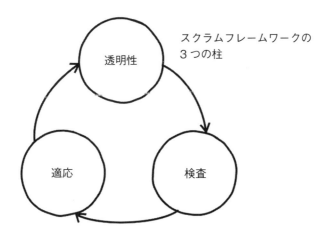

図 4.1: 透明性を作り、成果を検査し、必要があれば適応する短いサイクル

このサイクルは必要に応じて何度も繰り返される。逸脱や予期せぬ発見、作業が完了することでわかる潜在的な機会をなるべく多く捉えるためだ。これは、年1回やプロジェクト完了時に行われるのではなく、毎日、毎週、毎月、継続的に行われる。起こらないかもしれない未来について、リスクの高い仮定にもとづいた意思決定を行うのではなく、これまでに検出したシグナルにもとづいて行う。これが経験主義である。そして、スクラムフレームワークのすべてが透明性、検査、適応を中心に設計されていることが、この章の後半でわかるだろう。

スクラムフレームワークが可能にすること

すべてを知らないこと、またすべての変数をコントロールできないことを受け入れたとき、スクラムフレームワークの経験的アプローチは真価を発揮する。つまり、考え方を変える必要があるのだ。思いもよらなかった間違いや、新たな気づきが出てくることを受け入れなければならない。事前に立てた詳細な計画にこだわるのではなく、計画をスクラムフレームワークで検証する仮定や仮説として扱わなければならない。

スクラムフレームワークを使うと、単に計画に従っているときよりもずっと早期に、軌道修正の必要があるかどうかを知ることができる。計画を全面的に受け入れるのではなく、今見えている一番大きな問題に取り組めるようになっている。

これは、不確実で変化の激しい環境で仕事をするときに特に重要である。プロダクトを開発している間に、最初は納得していた仮定が消えてなくなることもある。長期プロジェクトの最後に壊滅的な失敗をしないように、経験的アプローチが大きな予想外の変化を少しの軌道修正の繰り返しに変えてくれる。

スクラムフレームワークは複雑で適応的な問題特有の予測不可能性と不確実性のリスクを軽減するのに役立つ。扱っている問題が解決に向かっているかを継続的に検証でき、よいアイデアを発見しやすくなり、次のステップでそれを試すこともできる。今や不確実性は、潜在的な可能性を秘めた財産となったのだ。

スクラム：常に進化している、経験的に働くための最小限のルール

　あなたがスクラムガイドや私たちが書いたスクラムフレームワークの記事[*4]を読んだとき、スクラムフレームワークには詳細が書かれていないことに気づくかもしれない。例えば、スプリントゴールはどう定義するのだろうか。クロスファンクショナルチームはどう作るのだろうか。また、プロダクトオーナーやスクラムマスターの成功を助けるプラクティスは何だろうか。完全な方法論を探している人は当然「で、どうすればいいの？」と疑問に思うだろう。そのため、最初にスクラムフレームワークを読んだときは、釈然としないかもしれない。

　スクラムフレームワークは意図的に不完全になっている。これは経験的に働くための最小限のルールとして理解するのが一番よい。何をする必要があるかだけが書いてあり、どうするかは書いていない。スクラムガイドは、テスト駆動開発、ストーリーポイント、ユーザーストーリーなどの特定のプラクティスについて一切触れていないのだ。チーム、プロダクト、組織はすべて異なる。この複雑さは、どんな場合にも適用できる解決策や銀の弾丸がないことを意味している。代わりに、スクラムフレームワークは独自の解決策とそれぞれのチームでのやり方を見つけるようにチームを促す。いろいろなことを単に試したり、ブログ記事、ポッドキャスト、ミートアップからインスピレーションを得るなど、何が上手くいくのかを学ぶ情報源はたくさんある。

　スクラムフレームワークも時間とともにアップデートされている。1995 年の初版以降、スクラムを使ったチームから集まったインサイトと経験から、スクラムフレームワークは大小さまざまな適応をしてきた。そして、プロダクトやソフトウェア開発以外のドメインにも適用されるようになった。このことから、バーンダウンチャートなど特定のプラクティスが削除され、表現は実施することよりもその意図を強調するように変わっていった。新しいバージョン[*5]では、複雑な環境での意思決定を促すために、スプリントゴールと価値の重要性をさらに強調

[*4] https://zombiescrum.org/scrumframework から PDF をダウンロードできる。
[*5] （訳者注）この本では、2017 年版のスクラムガイドを参照している。

している。スクラムフレームワーク自体が、透明性、検査、適応の対象となっているのだ。

ゾンビスクラムと効率主義

　ゾンビスクラムがこれまでの話とどう繋がるのだろうか。私たちが見つけたことの 1 つに、間違った理由でスクラムフレームワークが使われているということがある。ゾンビスクラム組織の人たちにスクラムに期待していることを聞いてみると、「もっと速く」「もっとアウトプットを」「もっと効率よく」「もっと脳みそ食べたい」という答えが返ってくる。これは**アジャイル**という言葉の実際の意味や、スクラムフレームワークの目的とは大きく異なる。この違いはどこから来るのだろうか。

　組織やプロダクト開発を管理するこれまでの方法は、アジリティとは正反対のことを達成するために設計されている。このメンタルモデルは、**効率主義**と呼ばれている。効率主義の歴史についてはこの本の範疇を超えるが、ガレス・モーガン（Gareth Morgan）の著書[5] がお勧めの入門書だ。効率主義の目的は、不確実性をできる限り減らし、予測可能性と効率性を高めることであることは言うまでもない。この考え方は通常、事前に行われる詳細な計画、規約や手順書による作業の標準化、高度なタスクの専門化、効率性の計測（1 日あたりの作業量、稼働率、欠陥数など）に現れる。これは、組立ラインや決まった事務作業のような、仕事がかなり反復的で単純な場合には確かに上手くいく。しかし本質的に予測不可能で不確実である複雑で適応的な問題を扱う場合には上手くいかない。

　それにもかかわらず、このメンタルモデルはあまりにも深く染み付いており、意識できない。それが組織やコミュニケーションを設計する方法や、文化を創る方法を完全に決めてしまうのだ。このような観点からスクラムフレームワークを見ると、効率、スピード、アウトプットにどう影響を与えるかという点で理解しようとするのはよくわかる。結果として、スクラムフレームワークが影響を与えないとわかり、がっかりするだろう。

　広い意味で、スクラムフレームワークは効率的であることよりも効果的であることに重きを置いている。効率は、たくさんの作業（アウトプット）に関することである一方、効果は、作業の価値と有用性（アウトカム）に関することである。

スクラムフレームワークによって効率を改善することは十分可能だが、それ自体は保証されたことでもゴールでもない。

　ゾンビスクラムが蔓延している環境では、効率主義があまりにも強く、人々はスクラムフレームワークの構造的な要素（役割、イベント、作成物）しか見ていない。ゾンビスクラムに感染した人たちは経験的プロセスの価値に気づかないし、理解もしていない（図 4.2 参照）。これが、ゾンビスクラムがスクラムのように見えるが、経験主義には感じられる心臓の鼓動がない理由である。

図 4.2: 間違ったものを見ている？ ゾンビスクラムは、パフォーマンスと作業量を非常に重視する。しかし、顧客は満足しているだろうか？ 価値は届けられているだろうか？

単純な問題についてはどうだろう？

　スクラムフレームワークが複雑で適応的な問題のために設計されているなら、単純な問題を扱う状況では意味があるのか。また、そもそも複雑な問題に直面しているのかどうか疑わしい場合はどうしたらよいか。

　まず、作業をしている人が複雑さを見つける可能性が高い。ステークホルダー

にはとても簡単に見えることでも、開発者からすればとても難しいこともある。著者の1人は、ウェブショップを作ることはラップトップに USB メモリーを差す程度だと臆面もなく言ったステークホルダーに出くわしたことがある。明らかに、このステークホルダーは開発費を安く抑えたいと考えていたので、彼にとってはメリットがあった。このような、作業をしない人が「それはそんなに難しくない」と主張する状況を、みんな知っている。だが、複雑さは作業をする人が判断すべきものである。

　とはいえ、作業をする人が正しい判断をできるとは限らない。複雑な問題は、ぱっと見ただけではその複雑さがわからないことが多いため、作業をする人でも騙されやすい。問題を解き始めると、初めのころは見えていなかったたくさんのことに気づく。それは、開発者なら経験があるはずだ。小さく見える変更から始めたら、その変更がたくさんのコンポーネントに影響を与え、予想外の問題に発展していくことに気づくというものだ。一見単純な問題として始まったことが、実は複雑な問題だとわかる。

　3つ目は、複雑さは技術的な問題だけから発生するものではないということだ。ウェブサイトのボタンのテキストを変更するのは簡単かもしれないが、多くのステークホルダーグループが関わる必要がある場合には複雑さが増す。関係者の数が増えれば増えるほど、複雑さもそれに伴って増加する傾向にある。

　最後は規模の問題だ。どんなに複雑な問題であっても、それ自体は簡単で単純な小さなタスクに分割できる。ある意味、まさにスクラムフレームワークでやっていることである。大きな問題はスプリントに収まる一連の小さな問題に分割され、その小さな問題はスプリントバックログアイテムとして表されるさらに小さな問題に分割される。時折、そういったスプリントバックログの単純なタスクしか見えていないことがある。このような場合に、問題が複雑ではないと判断するのは、全体を無視していることになる。

　こういったことを考慮に入れると、現代の職場で私たちが直面する問題の大部分は複雑であり、何らかの形で経験主義の恩恵を受けられると確信している。例外は、一般的には、他の人との連携なしにそれぞれが完結できるような繰り返し作業だけで成り立つ仕事だ。疑わしい場合は、複雑であることを想定し、スクラム、カンバン、DevOps、エクストリームプログラミングなどの経験的アプローチに頼るほうがよいだろう。問題が本当に単純であることがわかった場合、経験

的アプローチでは新しいインサイトが得られなかったり、適応が効果的でなかったりすることにすぐに気づくだろう。この場合、経験的アプローチが有効でないという判断も経験的になされる。また、単純だと思い込んでいたが、そうではないことに気づき、あなたが進めていたアプローチと期待をすべて考え直さなければならないリスクを回避するのに役立つ。

　単純な問題と複雑な問題を区別する方法や推奨されるアプローチについてのもっと詳細な分析は、ラルフ・ステーシー（Ralph Stacey）[6] やシンシア・カーツ（Cynthia Kurtz）、デイブ・スノーデン（Dave Snowden）[7] の研究が参考になる。

次はどうしたらいいんだ？

　ゾンビスクラムは、チームがスクラムフレームワークの目的を見失っていたり、理解していなかったりすると発生する。この章では、複雑な問題固有のリスクを、チームがコントロールするのに役立つスクラムフレームワークを解説した。スクラムフレームワークは、何も考えなくても実行できるような詳細な方法論ではない。チームがどのような複雑な問題にも経験的に取り組むことができるようにする最小限のセットである。その最もシンプルな形として、利害関係のある人たちと一緒に複雑な問題を解決するために、小さなステップで共同作業することをチームに奨励している。すべてのステップは、他に何が必要かを学び、仮説を検証し、次のステップを決定するために使用される。

　スクラムフレームワークが学びやすいのは事実である。しかし習得するのは難しい。スクラムフレームワークとの旅はどこからでも始められる。あなたの出発点がどこであれ、スクラムの作法を学ぶには、やってみることが最善の方法だ。スクラムフレームワークの反復的で漸進的な性質は、その目的を忘れないでいれば学習と改善のための最高の乗り物になる。その旅路は厳しく、時には不可能に見えるかもしれないが、いずれよくなっていくだろう。幸い、スクラムを使っている人たちの巨大で情熱的なコミュニティが世界中にあり、あなたを助ける準備ができている。もちろんこの本もだ。以降の章では、ゾンビスクラムの症状と原因をより詳細に探り、回復するための実用的な実験を提供する。

第2部

ステークホルダーが求めるものを作る

第5章
症状と原因

サングラス、帽子、箱半分のバンドエイドで、ロジャーは人間になりきれた。

——Nadia Higgins "Zombie Camp"

この章では

- ステークホルダーが求めるものを作っていないという、ゾンビスクラムにありがちな症状を見ていこう
- ステークホルダーを巻き込んでいない原因と理由を探ることで、なぜその症状が現れるのかを見ていこう
- 健全なスクラムチームがステークホルダーをどう巻き込んでいるのか、そしてステークホルダーとの密な連携がなぜ成功に欠かせないのかを理解しよう

現場の経験談

　ジャネットは保険会社のソフトウェア開発者です。彼女のチームは半年ほど前にスクラムを採用しました。スプリントプランニングでは、プロダクトオーナーは次に何をすべきかを開発チームに説明します。2週間スプリントのタイムボックスでチームが作業を終えることがとても重要です。なぜなら、プロダクトオーナーが来年までのすべてのスプリントを計画しているため、チームの作業が終わらないと計画が頓挫してしまうからです。

　ジャネットはスプリントプランニングでアサインされたアイテムに取り組み、毎日のデイリースクラムの退屈さと戦っています。スプリントレビューでは、開発チームが達成したものをプロダクトオーナーに見せ、プロダクトオーナーはチェックボックスにチェックをします。そしてまた、次のスプリントが始まります。チームはプロダクトオーナーが要求したことをすべて達成したと思っていますが、ジャネットは「自分たちが見落としているものがあるのでは」と思わずにはいられません。

　そこでジャネットは、昨年秋のチームミーティングで、プロダクトのユーザーインターフェースが時代遅れでわかりにくいと発言しました。正直なところ、もし自分が使わなければならないとしたら不満に感じたでしょう。ユーザーにとって、それでよいのか疑問に思うと声を上げ、ユーザーをもっと開発に参加させてはどうかと提案しました。すると、プロダクトオーナーは、彼女が思い込みで発言したことを叱責しました。彼の責任は、営業、ユーザーサポート、経営陣からのたくさんの機能要求を、プロダクトオーナーとして開発チームに中継することです。ユーザーと話す必要は全くありません。実際にユーザーサポートがインターフェースに対する苦情を伝えてくることはありませんでした。彼は、自分たちは大手保険会社で働いているのであって、流行りのスタートアップではないことをジャネットに言い聞かせました。それは、ジャネットがユーザーについて質問するのをやめ、単に言われたことをするようになった瞬間でした。

　このケースは、多くのゾンビスクラムチームでは見慣れた光景だ。開発チームは、ユーザーや顧客など実際のステークホルダーと密に連携するのではなく、プロダクトオーナーに指示されたものを提供する。また、プロダクトオーナーは営業やマーケティングから渡された要件を説明するだけである。そのため、スクラムチームは、自分たちの仕事がユーザーにどのような影響を与えるかはおろか、スプリント終了後に自分たちの仕事がどうなるかもほとんどわかっていない。この章では、ステークホルダーが求めるものを作っていないゾンビスクラムの重大な症状を見ていく。

実際にどのくらい悪いのか？

私たちは survey.zombiescrum.org のゾンビスクラム診断を使って、ゾンビスクラムの蔓延と流行を継続的に監視している。これを書いている時点で協力してくれたスクラムチームの結果は以下のとおりだ。

- 65%：スプリント中に他の部門（法務、マーケティング、営業など）とのやり取りがほとんどない
- 65%：プロダクトオーナーは、作業を却下したり、「ノー」と言ったりすることがほとんどない
- 63%：プロダクトバックログアイテムの削除を全く、あるいはほとんどしない
- 62%：スプリント中に開発チームとステークホルダーとの間で頻繁なやり取りがみられない
- 62%：チームの中でプロダクトオーナーだけがステークホルダーとやり取りをしている
- 60%：予算をどう使うか決める権限をプロダクトオーナーが持っていない
- 59%：スプリントレビューにスクラムチームだけが参加し、ステークホルダーは参加していない
- 53%：プロダクトオーナーは、プロダクトバックログの優先順位付けや更新に、ステークホルダーを全く、あるいはほとんど巻き込まない

なぜ、わざわざステークホルダーを巻き込む必要があるのか？

　組織は、価値あるものを世に出して初めて存続することができる。それは営利企業でも、非営利団体や政府機関でも関係ない。当たり前のことのように聞こえるが、どういうわけか、私たちは日々の仕事の中でこのことを忘れてしまっている。大小を問わず多くの組織で、実際にプロダクトに携わっている人たち（デザイナー、開発者、マネージャー、テスターなど）が、実際のステークホルダーと話すことがほとんどないのはなぜだろうか。それは、「組織の厚い壁」（営業、マーケティング、アカウントマネージャー、プロジェクトマネージャー）の向こう側に隠され、ステークホルダーが曖昧な存在になっているからだ。

実際のところ、ステークホルダーは誰？

　ステークホルダーを巻き込むのがよさそうだが、いったいステークホルダーは誰になるのだろうか。ユーザー？　顧客？　それは内部または外部？　プロダクトマネージャー？　もっぱら外部の顧客向けに仕事をしている組織もあるが、何が価値なのかを決める際に巻き込むべき内部の人たちがいる組織も多い。また、NGO や政府機関のような組織の職員には、「顧客」という言葉に馴染みがない。

　このような理由から、スクラムガイドは意図的に「ステークホルダー」をプロダクトに利害があるすべての人という意味で使っている。ゾンビスクラムにおいては、この「ステークホルダー」の曖昧さを利用して、内部のステークホルダーや、ドメインエキスパート、仲介者とだけ話すことがスクラムであるとチームに信じ込ませている例をよく見かける。プロダクトにお金を払っている人や利用している人は含まれない。

　これがとても大きな問題なのだ。私たちはプロダクト開発において、ユーザーや顧客の視点とビジネスの視点のバランスを取りたい。一方だけを重視するとトラブルの原因になってしまう。しかし、私たちが一緒に仕事をしたほとんどのゾンビスクラムチームでは、顧客とユーザーに関心を持っていることはほとんどなかった。このアンバランスさが、この本に書いた多くの症状を簡単に引き起こしてしまうのだ。

　この部では、適切なタイミングで適切な人たちを巻き込むことについて書いている。プロダクトが届くと何かを得て、届かないと何かを失う人たちがいる。彼らを巻き込むことは、間違ったプロダクトを作るリスクを減らす最善の方法だ。

　プロダクト開発にたくさんの人を参加させて単に「ステークホルダー」と呼ぶのは簡単だが、プロダクトに真の利害がある人たちを見つけるのは非常に難しい。ステークホルダーを見つけるには、次のような質問が役に立つ。

- この人は、普段からプロダクトを使っているか、または使う予定があるか？
- この人は、プロダクト開発にたくさんの投資をしているか？
- この人は、あなたのプロダクトが扱う課題の解決に時間もお金も投資をし

ているか？

　これは価値に関する質問だと気づくだろう。ステークホルダーは、次に取り組む価値があるのは何なのかを助言してくれる。なぜなら、時間やお金の投資に対するリターンが彼らにとって重要だからである。他の人は「オーディエンス」だ。これには、おそらくドメインエキスパート、仲介者、プロダクトに興味を持っているが私的な利害のない人たちが含まれる。彼らを喜んで招待するのは構わないが、ステークホルダーに集中したい。当然この視点では、プロダクトを使っている人（ユーザー）とプロダクトにお金を払っている人（顧客）の困りごとが強調される。ユーザーと顧客のグループは、重複していることも少なくない。

　ゾンビスクラムからの回復は、正しいステークホルダーを見つけて、そのグループに誰が含まれ、誰が含まれないかを継続的に整理することから始まる。

価値に関する仮説の検証

　第 4 章で見てきたように、プロダクト開発は複雑な仕事だ。この仕事の本質は、ステークホルダーのニーズとそれを満たす一番よい方法について、あるいは何に価値があるかについて、チームがたくさんの仮説を立てることである。しかし、仮説には間違っているリスクが伴う。開発の最後の最後に仮説を検証すると、間違いに気づいたときにたくさんの時間とお金を失いかねない。このようなリスクを軽減するために、早くそして頻繁に仮説を検証するほうがよい。このアプローチは次のような質問に答えることを意味する。

- この新しい機能の使い方が理解できるのか？
- 解決しようとしている問題を、その機能は本当に解決しているのか？
- この入力フィールドの説明は、意味が伝わるのか？
- この変更は、コンバージョン率を向上させるのか？
- この機能を実装すると、実際に作業時間は短くなるのか？

　これらの仮説を検証するためには協同的な探求が役立つ。スクラムフレームワークは、それを促進するプロセスの必要最小限を定めている。プロダクトのインクリメンタルなバージョンを頻繁に届けることで、開発者とステークホルダー

は、何に価値があるのか、どう価値を提供するのかなど重要な会話ができるようになる。「この機能、こんな風に実装してみたのですが、問題解決に役立ちますか？」「この機能の価値を高めるには、どうすればいいですか？」「これを見て、価値のある新しいアイデアは浮かびますか？」のように話し合ってもらうとよい。

　スプリントで生み出されるプロダクトインクリメントの検査によって、プロダクトに対するフィードバックループが閉じる。結果が意図していたものと一致しているかをスクラムチームが検証する瞬間だ。動くインクリメントを検査することで、その場にいるすべての人が同じものを見て、同じように理解し、同じ言葉で話せるようになる。このステップがなければ、会話は理屈だけで表面的なものに留まり、ステークホルダーが実際に必要としているプロダクトを届けることは難しくなってしまう。

なぜ、私たちはステークホルダーを巻き込んでいないのか？

　ステークホルダーを巻き込むことがとても重要であるにもかかわらず、ゾンビスクラムに苦しむ組織で十分にできていないのはなぜだろうか。これには多くの理由がある。私たちがよく目にする原因を見ていこう。原因がわかれば、適切な介入や実験を選択しやすくなるはずだ。また、原因を理解することで、ゾンビスクラムの気持ちがわかり、誰もが最善を尽くしているつもりだが、発症してしまうことが多い理由がわかるだろう。

「よし、新人くん！　いよいよ、ゾンビスクラムの肉…じゃなかった…核心に迫るぞ。価値を届けてステークホルダーを巻き込むことが、骨…じゃない…肝だ。今日の俺はどうかしてるな……。とにかく、伝えたいことがある。ステークホルダー欠乏症を見抜けるように準備をしておいたぞ。これで安全に実験を試せるだろう。成功を祈る！　というか、噛まれないことを祈るぞ！」

プロダクトの目的をあまり理解していない

　ゾンビスクラムが蔓延している環境にいるスクラムチームが、プロダクトの価値についてはっきりと答えられることは珍しい。彼らは、プロダクトがどのようにステークホルダーの役に立つのか、どうすればより魅力的なものになるのかを知らない。また、組織のミッション達成にプロダクトがどう貢献しているのかも知らない。プロダクトの目的を理解せずに、今後発生する作業**候補**から、**重要**な作業を切り分けることが果たしてできるのだろうか。彼らは、実際に重要なことを理解せずに、プロダクトを作るために必要な技術に焦点を当てているのだ。あてもなくさまようゾンビのように、多くのゾンビスクラムチームはどこかにたどり着くわけでもないことに熱心に取り組んでいる。

探すべきサイン

- 「このプロダクトは○○のために存在する」。この文を完成させるようにお願いされたとき、プロダクトオーナーを含め、誰も意味のある回答をしてくれない
- チームのタスクボードからアイテムを選んだとき、そのアイテムがなぜステークホルダーにとって重要なのか、どのようなニーズに対応しているのかを、「彼らがそうしろと言った」以外に、誰も明確に説明できない
- チームが働く現場では、どの作成物もプロダクトのビジョンや目的と繋がりがない。または、プロダクトについての会話がない
- プロダクトオーナーは、プロダクトバックログに提案されたアイテムに「ノー」と言うことはほとんどない。プロダクトバックログは非常に長く、肥大し続けている
- スプリントゴールが全くないか、あったとしてもステークホルダーにとって価値ある理由を何も表していない
- プロダクトバックログアイテムの並び順の理由を、「まず私たちはこの○○を行うことで価値を届け、次に△△を行うことで、□□を

　プロダクトオーナーの役割は、ステークホルダーからのフィードバックや世の中で起きていることにもとづいて、プロダクトに関する意思決定を継続的に行うことだ。アイデア、提案、チャンスなどさまざまな選択肢が現れるだろう。プロダクトオーナーは、以下のような質問をする習慣を持っているべきだ。

- それはプロダクトの目的やビジョンに合っているのか？
- それは組織のミッションに合っているのか？
- 多くのステークホルダーのニーズに沿っているのか？
- 十分に機能しつつも、プロダクトは複雑過ぎないか？

　プロダクトオーナーが、それぞれの選択肢から生み出される価値と、予算や時間とを天秤にかけようとすることもあるだろう。しかし、これらの質問に反しているなら、はっきり「ノー」と言わなければならない。これは難しい決断だ。選択肢を提案した人たちをがっかりさせることにもなる。プロダクトの目的をしっかり理解せずに、プロダクトオーナーやスクラムチームはどのようにしてこのような難しい決断を下すことができるのだろうか。

　プロダクトの目的やビジョンは、派手である必要はないし驚くほど独創的である必要もないが、現時点で注力しているステークホルダーのニーズが説明されている必要がある。プロダクトの戦略では、これらのニーズにどのような順番で対応し、それを実現するためにどのような作業が必要かを説明する。当たり前だが、目的と戦略はプロダクトを開発している間、新しいインサイトが現れると同時に絶えず調整され洗練される。何をプロダクトに含めるべきか含めないべきか、意思決定を行うための基準となる。

　目的や戦略がなければ、スクラムチームは何でもありのイケイケ開発に行き着いてしまう。そこでは、すべての作業が優先度「高（または低）」になる。その結果、肥大し続ける巨大なプロダクトバックログを抱えてしまうことになる。さらに悪いことに、肥大化した複雑すぎるプロダクトに、多くの時間とお金を浪費してしまうだろう。そして、もっとすっきりしたものが欲しいステークホルダーからは見向きもされなくなるのだ。

改善するために、チームで次の実験を試してみよう（第 6 章参照）。

- やるべき作業ではなく、望ましい成果を表現する
- ステークホルダートレジャーハントを始める
- プロダクトバックログの長さを制限する
- プロダクトバックログをエコサイクルにマップする
- プロダクトの目的に合わせてチームの部屋を飾りつける

ステークホルダーが必要とするものを決めてかかっている

　ステークホルダーが必要なものを、彼らよりもよく知っていると自慢する人もいる。そんな CEO がいる中規模の会社を、著者の 1 人がコーチしたことがある。その CEO とって、ステークホルダーを巻き込むことは重要ではなかった。皮肉なことに、革新的なソリューションを出した競合他社にマーケットシェアを奪われてしまったのだ。

　「我々は世間が何を求めているか知っている。出荷すれば気に入ってくれるだろう」。ゾンビスクラムが蔓延している組織では、こんな言葉をよく耳にする。

探すべきサイン

- ステークホルダーにとって、何が役に立つのかを知るための方法、ツール、テクニックを探ることに、チームは時間を割いていない
- 何がステークホルダーの役に立つ（あるいは、より価値をもたらす）のか仮説の検証を目的としてスプリントを実施したことが一度もない
- スプリントやスプリントレビューにステークホルダーを招待しても進捗報告するだけで、実際にプロダクトを使ってもらうことを目的にしていない
- 最初は賞賛され、高い期待を受けていた新機能が、リリース後ほとんど使われずに上手くいっていない

　先のような言葉は、ステークホルダーと一切関わらず、自分の直感や思い込みに頼っているプロダクトオーナーがよく口にする。このような態度は、次の 3 つの誤った仮定をすることで、プロダクト開発の複雑さを無視してしまっている。

- ステークホルダーがプロダクトでどのような問題を解決しようとしているか十分に理解している
- 以前に役に立つと考えていたことは、今も変わらない
- ステークホルダーを巻き込んだとしても、今以上に上手くいくことはない

　プロダクトが価値を届けられたかどうかは、ステークホルダーによってのみ決定される。お金を払ってくれるかどうかは、実際に払ってくれたときや、時間を割いてプロダクトを使ってくれたときにしかわからない。スクラムフレームワークは、仮説を検証しながら進められるように設計されている。それを利用しないとリスクを残したままになってしまう。

　スプリントレビューは、このような思い込みが現れるよい例だ。プロダクトオーナーやスクラムチーム全体が、ステークホルダーが望んでいることを正確に把握していると思い込んでいる場合、巻き込む必要はないと考えてしまう。そして、ステークホルダーが参加したとしてもプロダクトがどうなったかを報告するだけで、どのくらい役立つかを実際に検証することはないのだ。

　あなたがどのような組織で働いていようと、状況がどのようなものであろうと、時間とお金をかけるに値するかどうか検証しない理由はない。検証をみんなで、そして頻繁に行おう。それを妨げるものや困難にしているものはすべて取り除くか、変更しよう。

改善するために、チームで次の実験を試してみよう（第 6 章参照）。

- "フィードバックパーティー"にステークホルダーを招待する
- ステークホルダーの席をスクラムチームの近くに用意する
- ゲリラテスト
- ユーザーサファリに行く
- ステークホルダートレジャーハントを始める

開発者とステークホルダーとの間に距離をとっている

　実際のユーザーと関わることのないゾンビスクラムチームと仕事をするたびに1円もらえたら、私たちはとっくの昔に脳みそチューチューマシン3000を買えていたくらい、こういったチームをよく見かける。このようなチームにとって、通常ステークホルダーはチームに要件を手渡す人のことを指す。元プロジェクトマネージャーや、ビジネスアナリスト、部門長、または親会社の誰かであることが多い。しかし、人の繋がりをずっとさかのぼってみても、ステークホルダーとしてラベルを貼られた人は、プロダクトを実際に使っている人から4、5人離れていることがよくある。彼らは、解決しようとしている実際の問題を抱えていない。ばかばかしいほど長い要件伝言ゲームの、チェーンの輪っかの1つにすぎないのだ（図5.1参照）。

探すべきサイン

- 「内部のステークホルダー」や彼らが欲しいものの話はたくさんあっても、プロダクトを実際に使っている人（「本物」のステークホルダー）の話はほとんどない
- 実際にプロダクトを使って課題を解消したい人が、スプリントレビューに参加することはない。代わりに、プロダクトマネージャーや営業担当、マーケティング担当、CEOなど、プロダクトに利害関係のある組織内の人が参加している
- 開発チームの誰かに、プロダクトを実際に使っている人やこれから使う人の名前を尋ねても、虚ろな目で見られるだけ

　機能的な役割に沿って組織化されている組織では、このチェーンはメリットがある。どの役割がどのリスクに責任を持つかが明確に定義できるからだ。そして、誰が、いつ、どうやって、コミュニケーションをとるのか予測可能で標準化することもできる。しかし、特に問題が明確でなかったり、すぐ利用できる解決策がない場合には重大なマイナス面がある。ここでは、その両方を考えなければ

図 5.1: プロダクトを使う人と開発する人との間に「ホップ」が多い従来型組織では、
コミュニケーションを機能停止させる「伝言ゲーム」が行われる

ならない。「共有された発見（Shared Discovery)*1」を可能にするためには、問
題を抱えている人と問題を解決する人とが頻繁にコラボレーションをする必要が
あるのだ。

　よくあることだが、組織からこのようなチェーンを強制されていると、前述の
ようなコラボレーションはかなり難しい。おそらく、このチェーンの中の人たち
は、他のプロジェクトや他のステークホルダーの仕事など、たくさんの仕事を抱
えているだろう。そのため、ステークホルダーと開発者との頻繁なフィードバッ

---

*1　（訳者注）ジョハリの窓における開放の窓（自分も他人も知っている自分）を、自己開示と他
　　者からのフィードバックにより拡げることで、未知の窓（自分も他人も知らない自分）にある
　　ことを発見できる。

ク、アイデア、コメントのやり取りはオーバーヘッドが大きくなりすぎ、フィードバックは月ごとか四半期ごとのミーティングにまとめられるか、全くやらなくなってしまう。その結果、このような組織で形成される機能的な「サイロ」が、プロダクトを使用している人と開発している人との間に距離を生み出してしまうのだ。結局、どんなスプリントレビューをするにせよ、プロダクトを使用した体験について有意義なフィードバックを提供できない人たちが参加することになる。チェックボックスにチェックが入れられ、ドキュメントが更新されることはあるだろう。しかし、プロダクトの使いやすさに関するインサイトは生まれず、今後の方向性についての会話もない。結果、いくつかのスプリントの後、価値の疑わしいものが届けられることになる。残念なことに、チームがステークホルダーと呼ぶ人たちは、物事が計画どおりに進んでいることを喜んでくれるので、チームは自分たちのパフォーマンスに自信を持ってしまう。

改善するために、チームで次の実験を試してみよう（第 6 章参照）。

- ステークホルダーの席をスクラムチームの近くに用意する
- ステークホルダーとの距離を測って透明性を作り出す
- ユーザーサファリに行く
- ゲリラテスト

ビジネスと IT は別物と考えている

　ゾンビスクラムになる要因の 1 つは、多くの組織が「ビジネス」と「IT」の間に線を引いていることにある。通常、「IT 系」とは、テスター、開発者、サポート、アーキテクト、IT マネージャーなど、ソフトウェアやハードウェアの知識を持つ人たちのことを指す。一方、「ビジネス系」とは、営業、マーケティング、マネジメントなどを行う人たちのことだ（図 5.2 参照）。彼らは一般的に、実際の外部のステークホルダーのニーズをチームに提供する「内部のステークホルダー」の役割を務める。

図 5.2: ビジネスと IT。同じ会社でどういうわけか分かれている

探すべきサイン

- 「ビジネス」と「IT」が、別の視点や別の部署の意味で語られる
- 否定的な噂話が多い。「IT は何もしてくれない」とか、「ビジネスはいつも無理難題を言ってくる」など不満を口にしている
- 「IT 系」の人たちは、「ビジネス系」とは別の部署、または別の建物で働いている

「ビジネス」と「IT」は、それぞれの機能的役割と負っているリスクに従い、契約書やドキュメントを用いて「一緒」に働くことがよくある。お互いコストや要件に関する厳しい交渉をしているうちに、実際のステークホルダーは忘れ去られてしまう。組織の中ではっきりとした断絶が起こり、「やり遂げたいなら、IT に話すな」「ビジネスはころころ考えを変える」というような声が聞こえるようになる。

　このように「IT」と「ビジネス」が分断した結果、スクラムチームは組織の顧客やプロダクトのユーザーよりも、「内部のステークホルダー」のニーズに焦点を当てるようになる。「ビジネス」は本当の顧客に代わってプロダクトを購入していると勘違いし、自分たちがプロダクトの顧客であると思い込んでしまう。もう 1 つの結果は、「ビジネス」と「IT」の間に深刻な相互不信感が生まれることだ。それが交渉をさらに困難にし、契約条件をさらに拡大してしまうのだ。この

騒動には時間がかかるために、他のことに労力を割けなくなり、重要なビジネスチャンスが開拓されなくなるのである。

2011 年にマーク・アンドリーセン（Marc Andreessen）は「ソフトウェアが世界を飲み込んでいる」と述べた[8]。その中で、業種や業界を問わず多くの組織で、主要な業務プロセスと競争力の維持がソフトウェアに依存していると指摘している。「IT」と「ビジネス」は両方とも必要なのだ。それを分けることは、パズルを解くために知能と知性のどちらが必要かを議論するのと同じくらい無意味である。残念ながら、ゾンビスクラムが蔓延している組織は、この無意味な区別にしがみついている。結果、実際のステークホルダーに価値を届けることを自ら妨げてしまっている。

改善するために、チームで次の実験を試してみよう（第 6 章参照）。

- ステークホルダーの席をスクラムチームの近くに用意する
- ステークホルダーとの距離を測って透明性を作り出す
- ユーザーサファリに行く
- ステークホルダートレジャーハントを始める

プロダクトオーナーが実際にプロダクトのオーナーになることを許されていない

ゾンビスクラムが蔓延している組織では、プロダクトオーナーはやりたいことや順番をほとんど話すことなく、要件をプロダクトバックログアイテムに変換するだけだ。彼らは、実際のオーナーシップや権限を持たない「御用聞き」としての役割を果たす（図 5.3 参照）。彼らはいつでもプロダクトバックログの並び順や内容を全く決定しないか、組織上の偉い人に聞きに行かなければならない。

探すべきサイン

- スプリントレビューの間、プロダクトオーナーはフィードバックが

図 5.3: プロダクトオーナーが「御用聞き」になっていると、ステークホルダーからの
要求を何も考えず開発チームに流してしまう

> 書かれた付箋紙を集めるが、アイデアを実現するかどうかは他の人
> たちが決めている
>
> - 開発チームがプロダクトをリリースできると思っても、プロダクト
>   オーナーが指揮命令系統全体に許可を求める必要があり、スプリン
>   ト中に何度もリリースすることは不可能だ
> - プロダクトオーナーは、スプリントの成果によって価値がどれだけ
>   生まれたのか、聞かれても答えられない

　スクラムガイドには「プロダクトオーナーは、開発チームから生み出されるプ
ロダクトの価値の最大化に責任を持つ」[2] と書かれているのに、この自律性の欠
如は不思議だ。プロダクトバックログの内容と並び順を決めるために、プロダク
トオーナーが積極的に役割を果たさなければ、価値を最大化することはほぼ不可
能だ。それどころか、できるだけ多くの仕事をこなすだけになってしまう。その
ような仕事の多くは、注ぎ込まれたお金や労力に比べて、残念ながら価値の疑わ
しいものになるだろう。

　プロダクトオーナーが意図された役割を果たしたとき、「優先順位決定者*2」になる。多くの潜在的なステークホルダーのたくさんのニーズや要求を絞り込んで、有用で価値あるプロダクトにしたいなら、プロダクトオーナーは優先順位付けしなければならない。限られた予算と時間の中で、何が重要で何が重要でないかを決定するために、プロダクトオーナーはステークホルダーと密に働かなければならない。権限がなければこの決定を全くすることができないか、組織階層や内部方針を切り抜けるのに時間がかかり過ぎてしまう。プロダクトオーナーが「優先順位決定者」であるとき、やらない作業を真に最大化することができる*3。

改善するために、チームで次の実験を試してみよう（第 6 章参照）。

- プロダクトバックログの長さを制限する
- プロダクトバックログをエコサイクルにマップする

価値よりもアウトプットを測る

　これまでのところ、ゾンビスクラムの根本原因は、ステークホルダーにとっての価値（アウトカム）を判断することよりも、できるだけ多くの作業をこなすこと（アウトプット）を重視していることだ。この症状は、スクラムチームの仕事の報告の仕方にも表れ、それによって悪化することが多い。

探すべきサイン

- スクラムチームは、ベロシティ、完成したアイテム数、修正したバグの数など、作業量を把握するためのメトリクスを報告している
- スクラムチームが使っているメトリクスのどれも、その作業の価値

---

*2 （訳者注）原文では、Order Maker（優先順位決定者）、Order Taker（御用聞き）と韻を踏んでいる。

*3 （訳者注）アジャイルマニフェスト 12 の原則の 1 つ、Simplicity--the art of maximizing the amount of work not done--is essential. 訳「シンプルさ（やらない作業を最大化する技術）が本質です」からの引用。

を捉えたものではない。例えば、品質やパフォーマンスがどれだけ
向上したか、ステークホルダーからどのように評価されたかなどだ
- スクラムチームは、他のチームとアウトプットを頻繁に比較された
  り、（明示的もしくは暗黙的に）もっと頑張れと言われたりする

　業務の組織化における基本哲学を考えれば、アウトプット量の計測に注力する
ことは理解できる。組織が機能的な役割に沿って業務を設計する場合、その作業
が各役割でどのように実行されたかを計測したくなるだろう。営業が生み出し
た見込み顧客の数は？　プロジェクト管理によって予定どおりに納品されたプロ
ジェクトの数は？　サポートによって処理されたサポートコールの数は？　これは
スクラムチームの場合、一定期間内にこなせる作業量になる。

　これらを報告させる目的は、個々の構成要素（人、チーム、部門）の効率を
チューニングして、組織全体の効率を向上させることである。これは、各構成要
素が効率化するとシステム全体の効率が向上することを前提にしている。組立ラ
インや製造工程のように、作業が予測可能で手順に従っている環境には当てはま
るかもしれない。しかし、価値を届けるために多くのコラボレーションを必要と
する複雑な環境には当てはまらない。

　複雑な環境では、個々の部門（人やチーム）の効率性向上に力を注ぐと、全体
的なアウトプットが減少する。各部門をできるだけ忙しくさせようとし、組織内
やステークホルダーとのコラボレーションをいつの間にか損なってしまうから
だ。第 9 章で、もっと有用な指標を紹介しよう。

改善するために、チームで次の実験を試してみよう（第 6 章参照）。

- プロダクトの目的に合わせてチームの部屋を飾りつける
- プロダクトバックログの長さを制限する
- やるべき作業ではなく、望ましい成果を表現する

開発者はコードだけ書いていればよい

　ゾンビスクラムでは、他の人がステークホルダーと作業している間、開発者はコードを書くことに集中するように言われている。あるいは、開発者自身が「ここにいるのはコードを書くためだ」と信念を貫いている。開発者がコードを書く以外のことは時間の無駄だと考えているのだ（図 5.4 参照）。

図 5.4:「コードを書くためだけにここにいる」という姿勢は、実際のステークホルダーの不満から逃げる素晴らしい方法だ

探すべきサイン

- コードを書くのに時間がかかるため、開発者はスクラムイベントや他の集まりに参加していない
- 開発者は、ステークホルダーと会話するために必要な社会的スキルが不足していると思われている
- 開発者の職務記述書には技術的なことしか書かれておらず、ステークホルダーと一緒に価値あるプロダクトを作ることについては何も書かれていない

　使うところと作るところを切り離すのは、機能的な役割に沿って仕事が分かれている組織では当然の考えだ。開発者はコードを書く能力だけで採用され、ス

テークホルダーと協働作業ができるかどうかは、仕事の要件ではない。しかし、プロダクト開発のような複雑な作業をするときに必要なのは、まさにこのようなコラボレーションなのである。

　「コードを書くためだけにここにいる」という姿勢は、ゾンビスクラムの精神面を善意で悪化させてしまう。それは自分の職責以外の当事者意識を低下させ、ステークホルダーと話すことができないと開発者をステレオタイプ化させてしまう。

　アジャイルソフトウェア開発は、開発者の責任を、コードを書くことから複雑な問題を解決するためにステークホルダーと協働することへと変化させる。UI/UX エキスパート、システムアーキテクト、データベース管理者など、他のすべての専門分野にも当てはまる。それぞれの役割に注力するのではなく、チーム全体がプロダクトに責任を持つようになるのだ。

改善するために、チームで次の実験を試してみよう（第 6 章参照）。

- ユーザーサファリに行く
- "フィードバックパーティー"にステークホルダーを招待する
- ステークホルダーの席をスクラムチームの近くに用意する

関与しなくてもよいと思っているステークホルダーがいる

　スクラムチームは、ステークホルダーに迷惑をかけたくないという理由で、ステークホルダーを巻き込まない場合がある。質問をすることに対して、プロ意識が低い、または経験が浅いと見られてしまうのではないか、ステークホルダーの貴重な時間を無駄にしてしまうのではないか、という強い思い込みがある。一方で、ステークホルダーも「あなたは専門家なんだから、自分でなんとかしなさい」と似たようなことを言ったりする。

探すべきサイン

- ステークホルダーは、スプリントレビューに参加する時間をいつも確保してくれない
- 顧客は最初に要件を説明した後、開発中になぜ自分たちが関わる必要があるのかと露骨に首をかしげる
- 開発チームメンバーが機能の詳細を聞いたり質問をしたりすると、ステークホルダーは仕様書を見てと言う

　著者の 1 人が参加したあるキックオフでの話をしよう。重要なステークホルダー（開発費を支払っている顧客）が、自身が発注したプロダクトにもかかわらず、開発中に自分が関わる必要はないと言っていた。プロダクトオーナーに十分な説明をしたし、このプロダクトは必ず成功すると考えていたからだ。それに対して、スクラムチームは「あなたが説明したとおりのプロダクトでステークホルダーが満足すると、なぜ確信できるのですか？」「いま考えているソリューションが最高のものだと、どのくらい確信していますか？」「開発中に新しく出てくる価値あるアイデアは開発対象外にしますか？」と質問をすることで上手く対応した。ステークホルダーは最初の 3 回のスプリントレビューに試しに参加することに同意した。最初の 2 回のスプリントレビューは目を見張るようなことは起きなかったが、3 回目に全く新しい機能が生まれ、プロダクトバックログのトップに置かれた。こうして、開発中に関わることは大きな価値があるとステークホルダーを納得させたのだ。

　このスクラムチームがステークホルダーを納得させるのに役立ったのは、完成しリリース可能なインクリメントをスプリントごとに届ける能力だった。価値がスプリントごとに届けられたため、ステークホルダーはスクラムチームの言うことを聞いて参加させられている状態から、すすんで参加する状態に変化した。参加することで、投資を超える価値が得られたからだ。スプリントレビューのたびに新しいアイデアを追加し、チームと一緒にプロダクトバックログを手直しし、何がいつリリースされたか最新状態を知る機会となった。スプリントを重ねるうちに、同じ理由から、スプリントレビューにはたくさんのユーザーを含むステークホルダーの人垣ができるようになった。

　残念ながら、ゾンビスクラムに苦しむチームは、スプリントの最後であまり多くのものを見せられない。たとえ「完成」したインクリメントがあったとしても、本番環境に届くまでには数ヶ月かかってしまう。このような遅延がある状況では、レビューに参加する必要性をステークホルダーが理解できないのは仕方がない。ステークホルダーは、自分たちの意見がリリースに反映されるまでに長い時間待たなければならない。そのため即時的な反応が鈍くなる。リリースが差し迫るまで、あるいはいっそのことリリース後まで、フィードバックするのを待ちたいと思う理由はよくわかる。

　プロダクト開発の複雑さは、問題と解決策の両方の曖昧さにある。先の例のように、スクラムチームが協調的アプローチから何が得られるかをきちんと説明することが必要だ。しかし、このアプローチが機能するのは、スクラムチームがステークホルダーからのフィードバックを受けるために、速く出荷し、対応できる場合のみに限られる。ステークホルダーが参加する時間を確保するのが非常に難しい場合は、スプリントレビューをステークホルダーのいる場所で開催したり、テレビ会議で参加してもらうなど、現実的な対応が求められることがあるだろう。

> 改善するために、チームで次の実験を試してみよう（第 6 章参照）。
>
> - ステークホルダーの席をスクラムチームの近くに用意する
> - やるべき作業ではなく、望ましい成果を表現する
> - ステークホルダートレジャーハントを始める
> - ゲリラテスト

健全なスクラム

　この章で見てきたように、ゾンビスクラムが蔓延している環境で作業をするスクラムチームは、ステークホルダーのことも、ステークホルダーにとって何が価値なのかもわかっていない。組織が機能的な役割に沿って業務を設計し、役割の作業効率を重視するとき、この距離が生まれる。健全なスクラムチームでは、自

分たちの作業がどれだけ効果的か、つまりその作業がステークホルダーや組織に
どれだけの価値を届けているかに関心を持っている。実際のステークホルダーと
の頻繁で密な連携なしには、このようなことはできない。

誰がステークホルダーのことを理解するべきか

　これまでの組織構造では、ステークホルダーとの接点はおそらくプロダクトマ
ネージャーか営業の人だろう。このような組織がスクラムフレームワークに切り
替えると、ステークホルダーと連絡を取るのは、たいていプロダクトオーナーの
責任になる。しかし、それは協同的な探求の機会を逃すことになる。

　スクラムチーム全員が、ステークホルダーのことをよく理解する必要がある。
プロダクトオーナーはプロダクトに必要なことと並び順を決定するために、ス
テークホルダーグループとの会話に時間を費やすことは当然だが、その会話には
開発チームも全員、同じように参加するべきである。

　プロダクトオーナーはステークホルダーにとって何が価値があり、何が重要な
のかを見極める旅を続けている人であると、私たちはよく説明している。プロダ
クトオーナーは、見極めた価値を開発チームのために詳細な仕様にするのではな
く、開発チーム、プロダクトオーナー、関係するステークホルダーの間でいつか
対話するはずのリストであるプロダクトバックログを作成する。この対話は、プ
ロダクトバックログの上位のアイテムについてはすぐに、その他のアイテムにつ
いては後で行うのがよい。

　いずれにせよ、対話のたびに必要な作業が何らかの形で洗練されていく。これ
によって、プロダクトバックログや並び順が変更されることもある。ホワイト
ボードに描かれたワークフローや、紙きれに書かれたメモ、ツールの中の詳細な
説明、またはその場にいた人の頭の中の記憶として、情報が保存される。ここで
重要なのは、開発者とステークホルダーが一緒に仕事をしたときに、最高のプロ
ダクトが生まれるということだ。この活発なコミュニケーションを邪魔するもの
はすべて取り除かれるべきである。目的は仕様ではなく、対話なのだ。

　このアプローチでは、プロダクトオーナーは開発チームとステークホルダーの
間の相互作用を促進する役割を担う。プロダクトオーナーがどんなに優秀だろう
が賢かろうが、自分 1 人で全貌を理解することはできない。その代わりにスク

ラムチーム全員の知性を使うことで、何が必要か、どのようにしてそれを行うのか、どのような順番で行うのかを明確にすることができる。

ステークホルダーをいつ巻き込むか

　スクラムチームはいつステークホルダーを巻き込むのがよいだろうか。健全なスクラムチームは、さまざまな方法、タイミングでステークホルダーを巻き込んでいる。

プロダクトの目的を作成するときに巻き込む

　この章では、ビジョンや目的が欠けていると、ステークホルダーに価値ある成果を届けるのが難しくなることを説明した。まずは目的を明確にすることから始めよう。これはプロダクトオーナーにとって、ステークホルダーとプロダクトを作る人たちの異なる意見を集め、明確にする絶好の機会となる。この取り組みは、ワークショップやサミット、オンラインセッションの形をとることができる。「目的の明確化」は複雑に思えるかもしれないが、本質的には「このプロダクトは○○のために存在している」「このプロダクトは□□のために存在していない」という文章を完成させることだ。

　プロダクト開発の複雑さを考えれば、開発が進み、新しい機会が形になるにつれ、プロダクトの目的の理解が変化するのは当たり前のことだ。そのため、定期的に目的を見直そう。

プロダクト開発のキックオフ時に巻き込む

　開発のキックオフにステークホルダーを招待することは、開発の最初から、価値志向を強く根付かせる素晴らしい方法だ。ここでの目標は、プロダクトを開発する人、使う人、お金を払う人、期待している人たちの間に、コラボレーションの土台を作ることである。そのためには、最初はパワーポイントで作った何十ページもあるスライドを説明するのではなく、相互に対話が弾むようファシリテーションに注力する。いろんなゲームを使って、お互いを知ってもらおう。そして、プロダクトに何を期待しているのか、お互いに何を期待しているのかに焦点を当てるのだ。

スプリントレビューに巻き込む

　ステークホルダーを招待する一番わかりやすいタイミングは、スプリントレビューだ。誰（またはグループ）を呼んだら最も価値を高められるのか、決定はプロダクトオーナーに委ねられている。たくさんステークホルダーがいる場合は、代表的な人を招待しよう。ここでの目標は、ステークホルダーを積極的に巻き込むことだ。座って話を聞いてもらうのではなく、マウスとキーボードを渡して新しい機能を使ってもらおう。その機能が役立つかどうか、改善してほしいものや新しいアイデアはあるかを尋ねよう。

　スプリントレビューの目的は、単に新しい機能をデモしてフィードバックを集めることだけではない。スクラムガイドでは、その目的を次の一文で明確に説明している。「スプリントレビューとは、スプリントの終了時にインクリメントの検査と、必要であればプロダクトバックログの適応を行うものである」[2]。つまり、スプリントレビューは、開発チームが作ったものは何か、それが今後のスプリントにどのような意味を持つのかをよく考える絶好の機会なのだ。スプリントレビューで集めたフィードバックは、プロダクトバックログの内容や、その並び順に影響を与えることもある。この機会を上手く利用して、新しいバージョンのプロダクト（「インクリメント」）だけでなく、プロダクトバックログも検査しよう。

プロダクトバックログリファインメントに巻き込む

　最高のシェフは、**ミザンプラス**と呼ばれるプラクティスを実行している。料理を始める前に、すべての素材や道具を所定の場所に置くというものだ。食材はみじん切りにし、肉はスライスし、ソースは混ぜておく。すべての材料を簡単に手が届くように配置する。ミザンプラスによって、料理人がペースの速いプロのキッチンにおけるストレスを減らし、おいしい食事を用意することに集中できるようになる。プロダクト開発におけるリファインメントは、料理におけるミザンプラスのようなものだ。次の仕事に向けて準備すること、そして集中力を生み出すことに役立つ。

　リファインメントでよくやることに、大きな作業の塊を小さな作業の塊に分割することがある。大きな作業の塊のまま作業を行うと、予期せぬ問題に遭遇する

可能性が高くなる。依存関係を忘れていたり、コードに問題が発生したり、時間がかかったりする。作業量が多ければ多いほど、そのリスクは高くなる。そのため、大きな塊をいくつもの小さな塊に分割するのはよいアイデアである。

　スプリントプランニング中にリファインメントすることもできる。しかし、料理をしながら食材を切ったり、刻んだり、準備しようとしている料理人のように、このアプローチではストレスが多く、疲弊することにすぐ気づくだろう。スプリントプランニングの目的は、スプリントゴールを決定し、必要な作業を選択することだが、その目的からエネルギーを奪い取ってしまうのだ。代わりにミザンプラスをするとよい。すなわち次のスプリントのためのリファインメントを、現在のスプリント中に実施するということだ。すべての材料が準備されていれば、スプリントプランニングは、はるかにスムーズで活気に満ちたものになる。チームによっては、チーム全員が参加する「リファインメントワークショップ」という時間枠を設けて行うチームもあれば、スクラムチームの 3 人が協力して、先々に控えている大規模な機能をリファインメントする「スリーアミーゴスセッション*4」を行うチームもある。どのようにするかはあなたたち次第だ。

　リファインメントは、ステークホルダーを巻き込む絶好の機会だ。あるアイテムをリファインメントする際には、それに関わるステークホルダーをリファインメントワークショップに招待する。あるいは、ニーズについてインタビューするためにステークホルダーを訪問して一緒に作業分割を行うなど試してほしい。

次はどうしたらいいんだ？

　この章では、ステークホルダーを十分に巻き込まないことによる、よくある症状と原因を見てきた。ステークホルダーを巻き込まなければ、何に価値があるのかを知る方法がなくなってしまい、スクラムフレームワークは無意味なものになる。

　あなたのスクラムチームや組織でこのようなことが起きていないだろうか？でも慌てなくていい。次の章に、物事を正しい方向に変えるための実用的な実験や介入方法をたくさん用意した。

---

*4　（訳者注）スリーアミーゴスセッションはビジネス、テスト、開発の代表者が集まって異なる視点で話し合うこと。

第6章
実験

われわれはみなヒル療法を信じる中世の医者にすぎないのか。われわれは進歩した科学を望んでいる。われわれの誤りが証明されることを望んでいる。

——アイザック・マリオン『ウォーム・ボディーズ ゾンビRの物語』

この章では

- ステークホルダーのニーズを知るための10の実験を見ていこう
- ゾンビスクラムを生き抜くために、実験がどのような影響を与えるのかを学ぼう
- それぞれの実験の進め方と、気を付けるべき点を知ろう

　この章では、ステークホルダーが必要とするものを作るために、スクラムチームに役立つ実験を紹介する。ステークホルダーのニーズをよく理解するために設計された実験もあれば、価値があるものとないものを見分けることに重点をおいた実験もある。実験の難易度はさまざまだが、それぞれの実験を行うと、その後のステップが楽になるだろう。

実験：ステークホルダーを知る

　ステークホルダーが何を求めているのか、スクラムチームの理解を深めるにはどうすればよいだろうか。このセクションでは、ステークホルダーを理解するた

めの4つのシンプルな実験を紹介する。

ステークホルダートレジャーハントを始める

　ステークホルダーと対話するには、スクラムチームは誰が実際のステークホルダーなのかを知る必要がある。この実験は、プロダクトの目的を明確にすることで、ゾンビスクラムチームがプロダクトに関心がある人たちを見つけるのに役立つ。これが、ステークホルダーと対話する最初の一歩になるのだ。

労力／インパクト比

労力	★★★☆☆	真のステークホルダーを探す旅に出るには時間がかかる
サバイバルに及ぼす効果	★★★☆☆	ステークホルダーが誰なのかをチームが理解し始めると、だんだん彼らに価値を届けられるようになる（そして、回復もする！）

手順

　チームを集め、プロダクトの目的を理解するために次のような質問をしよう。

- 「私たちが作っているプロダクトは何ですか？　存在意義は何ですか？」
- 「このプロダクトを作るのをやめたら、何が失われますか？」
- 「私たちの貴重な時間、お金、精神力を使ってまで作る理由は何ですか？」

　チームメンバーに、会話に参加してもらう方法はたくさんある。この実験だけでなく、他の実験をするときも、1つ以上のリベレイティングストラクチャーを使うことをお勧めする[1]。例えば、「1-2-4-All」が使える。これは、まず参加者は1分間静かに質問について考える。その後、ペアで2分間話し合う。さらに、別のペアと合流して4分間話し合う。最後に、4人の結果を全体に共有する。「カンバセーションカフェ（Conversation Café）」や「経験共有フィッシュボウル（User Experience Fishbowl）」など、他のリベレイティングストラクチャーを使うこともできる。

　プロダクトの目的がはっきりしたら、章の後半にある「プロダクトの目的に合わせてチームの部屋を飾りつける」の実験を読んで、その目的を大いに活用しよ

う。そして、次のような質問をしてステークホルダートレジャーハントを始めよう。

- 「私たちのプロダクトを実際に使っているのは誰ですか？」
- 「私たちのプロダクトで恩恵を受けているのは誰ですか？」
- 「私たちが解決しようとしているのは誰の問題ですか？」
- 「この人たちをどうやって巻き込みますか？」

この質問にすぐに答えられるチームもあれば、見当も付かないチームもある。そんなときは人の繋がりをさかのぼっていくとよい。チームに次のように聞いてみよう。

- 「何に取り組むべきか、私たちに伝えてくるのは誰ですか？」
- 「何に取り組むべきか、その人たちに伝えてくるのは誰ですか？」
- 「その前は、どうなっていますか？」

誰がステークホルダーかわかったら、対話を始めるために他の実験を試してみよう。この章の「ステークホルダーの席をスクラムチームの近くに用意する」と「"フィードバックパーティー"にステークホルダーを招待する」、そして第 8 章の「ステークホルダーの満足度を測る」がお勧めだ。

私たちの発見
- ゾンビスクラムチームは、自分たちの要件がどこから来ているのかを知らないことが多い。前述の質問をすると、肩をすくめられたり、戸惑った顔をされたりするだろう。まずはプロダクトオーナーから聞き始めて、どこまでチェーンをさかのぼれるか確かめてみよう。それ以上さかのぼれなくなったら、組織にいる手近な人に聞いてみよう
- ステークホルダーの中には、対話を始めれば素直に受け入れてくれる人もいる。一方で、ゾンビスクラムチームと同じように懐疑的で、メリットを感じてくれない人もいる。開発チームとの密なコミュニケーションが、いかにステークホルダーのメリットになるかを理解してもらう方法を見つけよう

ステークホルダーとの距離を測って透明性を作り出す

　透明性を作り出すことは、スクラムマスターが組織を改善するためにはとても重要だ。この実験は、開発者とステークホルダー間の距離（図 6.1 参照）と、その距離によって起こることについて、透明性を作り出すことを目的としている。

労力／インパクト比

労力	★★★☆☆	どれだけの労力が必要なのかは、組織の複雑さ次第だ
サバイバルに及ぼす効果	★★★☆☆	深刻なゾンビスクラムではかなり痛みを伴うが、しかるべきところが痛むだろう

図 6.1: プロダクトを作っている人から、使っている人やお金を払っている人までの距離を定期的に測ると、アジリティを阻害するたくさんの要因が明らかになる

手順

　この指標では、ステークホルダーからの質問やフィードバックが通過（「ホップ」）しなければならない人、部門、役割の平均数を追跡する。ここでのステークホルダーとは、プロダクトにお金を払ったり、使ったりしている人を指している。

1. プロダクトバックログから、チームがやっている典型的なアイテムをいくつか選ぶ

2. その中から一度に 1 つずつ、実際のステークホルダーと一緒にアイテムをテストするために通過すべき（または許可を得る必要がある）人、部門、役割のチェーンを描いてみる。実際のステークホルダーとは、プロダクトを本当に使っている人、またはプロダクトにたくさんの投資している人のことだ

3. ホップごとに、そこを通過するのに何時間、もしくは何日かかるか概算してみる

4. 別のアイテムを選び、上の手順を何回か繰り返し、平均ホップ数とホップにかかる平均時間を計算する。チェーン全体を完了するまでの時間とお金も計算するとさらに効果的だ

5. 誰の目にも止まるように、大きなボードやパネルにホップ数と所要時間をはっきりと書く。さらに、窓や壁の目立つところに貼り出し、定期的に更新すると劇的な効果が期待できる

6. チームが正しいことに取り組む際にどんな影響を与えているのだろうか？　どれだけのお金と時間が無駄になっているのだろうか？　この距離のせいで何が上手くいっていないのだろうか？　距離がもたらす結果についてチームで話し合おう

　ゾンビスクラムから回復しつつあるチームは、ステークホルダーに対する恐怖心が徐々になくなっていく。この指標を定期的に測ると、回復状況を追うことが可能だ。スプリントレトロスペクティブで、どうすれば距離を縮められるか会話を促すのにも使える。この本の実験の多くがその会話を促すのに役に立つだろう。

私たちの発見

- 指標は、それ自体に意味はなく、文脈と会話によって意味が与えられるものだ。この会話をチーム全体で行うようにしよう。また、自分が所属していないチームの審査、比較、評価に使ってはいけない

- ステークホルダーまでの距離を短くしようとすると、精巧に作り上げられ

た既存のプロダクト開発プロセスを壊す必要があるだろう。システムにおけるあなたの立場によっては、それは不可能かもしれない。そうであったとしても、ユーザーと話をし、できるだけ早く要件の議論に参加して、問題意識を高めたり問題を回避したりすることができるかどうか、確かめてみよう

ステークホルダーの席をスクラムチームの近くに用意する

ステークホルダーまで距離があると、彼らを巻き込まない都合のよい口実を与えてしまう。この実験は、ステークホルダーを近くに連れてくることで、チームが言い逃れできないようにする。これは言わば「エンカウンターグループ療法」のようなものであり、物事を進める最も有効な方法の 1 つである。

労力／インパクト比

労力	★☆☆☆☆	席を用意してステークホルダーを招待するのは簡単だが、使ってもらうのはかなり手間がかかる
サバイバルに及ぼす効果	★★★★★	小さな実験のわりには効果は絶大だ

手順

この実験を試すには、次のように進めよう。

1. スクラムチームの近くに、ステークホルダーが気楽に仕事ができる席を用意する。お菓子も忘れずに！
2. 「スクラムチームに時間を割けるときはいつでもこの席を使ってください」と複数人のステークホルダーを招待する。プロダクトを積極的に使っている、またはたくさん投資しているステークホルダーを招待する。お互いを知り、この実験の目的を理解してもらうために小さなイベントを開催する
3. ステークホルダーが席にいる予定表をスクラムチームと一緒に作り、みんなの目に留まる場所に貼るとよいだろう。事前に時間調整をしておくと、作業に集中する時間と対話できる時間のバランスがとりやすくなる
4. 何が起こるか観察する

　ステークホルダーとチームが距離の近さに慣れていないと、ある種の気まずさ
が起こるのは自然なことだ。すれ違いが続くようなら、チームとステークホル
ダーとの関係が作れそうなタイミングで、両者を自然に繋いであげよう。新しい
デザインや開発中の機能といった仮説を、ステークホルダーと一緒に検証するよ
うにチームに勧めてみよう。次のスプリントに向けたリファインメントに誘って
みるのもよい。

　この実験によって、何がプロダクト開発を複雑にしているのか、みんなの理解
が深まるだろう。スプリント中は、想定外の問題によく遭遇する。ステークホル
ダーが参加することで、そのような問題を素速く解決することができるのだ。ま
た、ステークホルダーの参加によってプロダクトの価値が増すので、ステークホ
ルダーによる評価も高まる。

私たちの発見

- ステークホルダーの中には、スクラムチームが仕事をしている間は自分に
  できることはほとんどないと思い込んでいる人もいる。要件を出した後
  は、プロダクトが完成するまで待ったほうがよいと考えているのかもしれ
  ない。その場合は1、2回スプリントにステークホルダーを招待し、その
  後、ステークホルダーの参加がどれだけ役に立ったか、また参加を継続す
  るかどうかを判断しよう
- 小さな成功を一緒に祝う絶好の機会だ。その瞬間を見逃さないようにしよ
  う。一緒にランチを食べに行くだけでも言うことなしだ
- 逆に、開発チームの席をステークホルダーの近くに用意しても、この実験
  は試せる。著者の2人はそれぞれ別のケースで、しばらくの間、スクラム
  チームが顧客の所で一緒に作業できるように手配したことがある。ステー
  クホルダーへのアクセスが簡単になったことはもちろん、同じコーヒーマ
  シンを使ったり、同じ誕生日を祝ったり、一緒にランチをしたりするだけ
  で、生産的な作業環境が生まれた

プロダクトの目的に合わせてチームの部屋を飾りつける

　ゾンビスクラムチームは、「すべての作業を完成すること」や「コードをたく

さん書くこと」以外の目的を、何も思い出すものがない環境に現れがちだ。回復
への第一歩は、その目的を明確にし、いつでもわかるように環境を変えることで
ある。

労力／インパクト比

労力	★★☆☆☆	部屋の飾りを集めることは難しくない。明確で具体的で説得力あるプロダクトの目的を作ることの方が、ずっと大変だ
サバイバルに及ぼす効果	★★★★☆	この実験は、有意義な議論や、速い意思決定、集中のきっかけになる

手順

この実験を試すには、次のように進めよう。

1. せっかくのチームの部屋なのだから、チームでやりたいだろう。どうする
   かはチームに決めてもらい、チームが動かないときには主導権を握ろう。
   プロダクトオーナーに主導権を握らせるよい機会でもある

2. プロダクトの目的が明確でないのであれば、（「ステークホルダートレ
   ジャーハントを始める」のような）この章の他の実験を使って、明確化し
   よう。世界を揺さぶるほど輝かしい目的である必要はない。時間をかけて
   洗練していこう

3. チームの部屋にプロダクトの目的を飾りつけたら、「このプロダクトバッ
   クログアイテムは、その目的にどう役立ちますか？」「プロダクトの目的
   を踏まえると、何を諦めるべきですか？」「プロダクトの目的を考えると、
   次にやることは何ですか？」のように、チームの日々の会話の中でさりげ
   なく使えるようになるだろう

プロダクトの目的でチームの部屋を飾る方法はいろいろある。

- プロダクトの目的がプリントされたマグカップを注文する
- ノートパソコン用ステッカー、ロールアップバナー、パーティーフラッ
  グ、オリジナルボタンなど、プロダクトの目的を表現したチームが好きな
  ものを注文する

- バナーに（「このプロダクトは、○○ために存在する」と）プロダクトの目的を書き、スプリントバックログやスクラムボードに貼る
- 壁に実際のユーザーの写真や、プロダクトを使ってユーザーができるようになったことなど「ユーザーの声」を掲載する
- プロダクトの目的にあったチーム名やインスピレーションを与えるモットーを決める

私たちの発見

- 厳しいゾンビスクラムの環境では「目的」は単なる言葉の 1 つにすぎない。この種の実験は「不要だ」「ばかげている」などと、嫌がられることも当然あるだろう。レジリエントな人になろう。一番認めていないメンバーでさえも、ここで紹介した部屋の飾りなどの価値を認め始めるだろう
- 優れたプロダクトの目的は、なぜそのプロダクトがユーザーにとって重要なのかを捉えている。ユーザーにとってどんなことを簡単にし、改善し、可能にし、よりよいものにするのだろうか？　そして、どんな価値があるのだろうか？「このプロダクトはフレックスで働く人のタイムカードを処理するために存在する」のような文は、何をするのかを説明するだけで、なぜするのかを説明していない。これでは、どの機能を含めるべきかユーザー側に立って意思決定するための指針にはならない。適切な表現は次のようなものだ。「このプロダクトはフレックスで働く人がタイムカードの入力に費やす時間と、管理職がタイムカードの確認に費やす時間を削減するために存在する」

実験：プロダクト開発にステークホルダーを巻き込む

　ステークホルダーのいないスクラムは、ドライバーのいないレースカーのようなものだ。見た目は素晴らしく、実際に速く走れるかもしれないが、誰もガイドしてくれなければ、どこにも行けない。ステークホルダーを巻き込むことは、必ずしも簡単なことではない。このセクションでは、斬新でクリエイティブな方法で巻き込むための 3 つの実験を提案する。

"フィードバックパーティー"にステークホルダーを招待する

　ステークホルダーはスプリントレビューに全く来なかったり、避けたりしていないだろうか。あるいは、みんな黙ってプレゼンを聞いているような一方通行になっていないだろうか。スプリントレビューは、フィードバックを集め、出席者と一緒に仮説を検証することが大事だ。この実験の目的は、次のスプリントレビューにステークホルダーを招待し、価値あるフィードバックを集めることである。これはリベレイティングストラクチャーの「シフト＆シェア（Shift & Share）」[1] にもとづいている。

労力／インパクト比

労力	★★☆☆☆	労力を抑えるために少人数から始めよう。たくさんのステークホルダーを招待して効果を大きくすることもできる。しかし、とても大変だ
サバイバルに及ぼす効果	★★★★☆	スプリントレビューでこの実験の効果が現れ始めると、雪だるま式に変化していく可能性を秘めている

手順

　この実験を試すには、次のように進めよう。

1. チームが取り組んできたスプリントゴールとそのために選んだ作業について、アイデアやフィードバックを持っている可能性の高いステークホルダーを、プロダクトオーナーと一緒に探す。そして、次回のスプリントレビューに招待する。必要ならケーキやコーヒーで誘い込もう

2. スプリントレビューの前に、スクラムチームと一緒に次のような準備をする。プロダクトバックログの中から、チームにとってフィードバックが欲しい5〜7つの機能またはアイテムを選び出し、機能やアイテムごとにブースを作る。ブースごとに、ブースの説明を書いたフリップチャート、ノートPC、タブレット、デスクトップPCを配置し、1、2名のチームメンバーを「ブースオーナー」として割り当てる。そして、フィードバックを記録するための付箋やカードを用意する

3. スプリントレビューの最初に、ステークホルダーを歓迎し、なぜ彼らの参加が有益なのかしっかり説明する。そして、軽くブースを紹介し、10 分の短いタイムボックスでステークホルダーがブースを「見て回り」、インクリメントを試し、フィードバックができることを説明する

4. 「ブースオーナー」たちに前に出て来てもらい、各ブースを簡単に紹介してもらう。その後、全員が各ブースに均等に分かれ、1 ラウンド 10 分間で、グループは時計回りにブースを見てまわる。「ブースオーナー」は、新機能をデモするのではなく最低限の案内だけ行い、ステークホルダーにノート PC、タブレット、デスクトップ PC などを渡して新機能を試してもらう

5. グループがすべてのブースを見て回ったら全員を集め、「いま見てきたことを踏まえて、今後私たちは何をやっていけばよいですか？」と質問し、静かに考えてもらう。1 分後、ペアになって考えたことの共有をお願いする。数分後、ペアどうしで 4 人組を作り、5 分間で自分たちの考えを深めてもらう。その後、グループ全体で共有し、最も重要なアイデアを記録する

6. ステークホルダーに時間の余裕があれば、次にやることやブースでのフィードバックなどをもっと深く掘り下げることができる。時間がなかったとしても、プロダクトオーナーとチームは、ステークホルダーに時間を割いてくれたことを感謝し、次回のスプリントレビューに招待しよう。スクラムチームと一緒に、フィードバックを具体的なアイテムや今後のスプリントの目標に落とし込んでいこう

私たちの発見

- 気楽で非公式な進め方に徹して、楽しもう。ユーザーは使う方法がわからなかったり、エラーを発生させたりすると、すぐに謝ることがわかるだろう（「ごめん、壊すつもりはなかったんだ！」）。これはプロダクトに欠陥がある証拠なのだが、ユーザーは何かを理解できないと自分が「バカ」や「のろま」と感じることがよくある。誰かが見ているときは特にそうだ

- 初めてこの実験をする場合は、気まずい雰囲気になると覚悟しておこう。

しかし、このようなスプリントレビューを粘り強く続けてくことで、ステークホルダーはフィードバックがプロダクトに組み込まれることがわかり、時間が経つにつれ関心を高めていくだろう

ユーザーサファリに行く

この実験の目的は、スクラムチームがユーザーと一緒に時間を過ごすことで、ユーザーや、ユーザーの課題を知ることにある。開発者は、誰がどのような状況でプロダクトを使っているのか理解を深めるだけでなく、開発チームの仕事の目的を確認することにも繋がる。

労力／インパクト比

労力	★★☆☆☆	1 人のユーザーを訪問するだけなら労力はほとんどいらない。より高い効果を得るためにたくさん訪問してもよいが、労力も多くなる
サバイバルに及ぼす効果	★★★★☆	この実験を一回も試したことがないなら、プロダクトやユーザーに対する開発チームの理解が、根本的に変わる可能性がある

手順

この実験を試すには、次のように進めよう。

1. プロダクトオーナーと協力して、チームが開発しているプロダクトのユーザーが（たくさん）いそうな場所を 1 ヶ所以上見つける。例えばチームが鉄道運行管理のプロダクトを開発しているなら、鉄道事業者の管制室を訪問しよう

2. スクラムチームと一緒にユーザーサファリの準備をする。ステークホルダーと彼らの環境から知りたいことを決めて、何を観察するのか、どんな質問をするのかを考える。そして、メモを取るのか、音声やビデオに記録するのかを決める

3. 現地では、ユーザーを圧倒しないようにペアで行動するのがベストだ。ユーザーがプロダクトを使う様子を観察し、ときどき静かに自由回答形式

（Open-ended question）の質問をするように、ペアにお願いする。ユーザーは自分が行っている手順や、行おうとしている手順、そして起こると期待していることを言葉にすることができる。そこから、追加のインサイトが得られる

4. 観察し、メモを取り終えた後、スクラムチーム全員を集めて気づいたことを共有する。チームにとって驚きだったこと、また新しいアイデアや改善点もあるだろう。アイデアはプロダクトバックログに記録する

何を質問するのか、何を探すのか、ヒントをいくつか紹介しよう。

- どんなデバイスでプロダクトを使っているかを観察する
- ユーザーが操作する環境を観察する
- 質問：「この機能はあなたの日常業務にどう役立ちますか？」
- 質問：「このプロダクトをもっと使いやすくするためには、どうしたらよいと思いますか？」
- 質問：「もしこのプロダクトを一から作り直さなければならないとしたら、最初にどの機能を復活させたいですか？」

私たちの発見

- ユーザーの中には、開発者に観察されることをためらう人もいるだろう。必要であれば、前もって時間枠と具体的な観察の進め方を合意しておこう。また、プロダクトと彼らの作業をよりよくするために、彼らのフィードバックがどう役立つのかを常に明確にしておこう
- 開発チームの作ったプロダクトに批判的な態度を取るユーザーに備えておこう。批判を表現するのが上手な人もいれば、そうでない人もいる。開発チームは、意気消沈したり防御的になったりせず、心を開いて批判が何から来ているのかを探ろう。開発チームが話を聞いてくれていることがわかれば、批判的なユーザーが最大の支持者に変わることもある

体験談：たくさんのフィードバックからの小さな発見

　ここで、著者の1人の体験談を紹介しましょう。

　4人の開発者と一緒に、たくさんのプランナー、つまり私たちのユーザーがいる施設に向かって車を走らせました。施設に入ると、どれだけ騒々しく雑然とした環境なのかが、すぐにわかりました。電話は鳴りっぱなしで、フレックスで働く人の空き状況を大声で問い合わせている人や、質問を持って入ってくる人たちがいました。そこで私たちは重大なことに気がつきました。受話器を頭と肩の間にしっかりと挟んだ状態で、プランナーが私たちのプロダクトを使って、フレックスで働く人の計画を変更していたのです。受話器を挟んだままにしていると、プランナーの頭は傾きます。プランナーが使っていた小さな画面とあいまって、文字を読むことやカーソルで画面を操作することが大変そうでした。オフィスに戻ると、私たちはすぐにフォントサイズやボタンを大きくして、アプリケーションをアップデートしました。小さな変更でしたが、使い勝手が本当によくなりました。

ゲリラテスト

　ユーザーを見つけることは簡単ではない。この実験の目的は、開発チームがオフィスから出て、実際のユーザーや潜在的なユーザーに近づくことで、遊び心あるユーザーテストを行うことだ。

労力／インパクト比

労力	★★★☆☆	労力は比較的少ないが、やったことがないと、開発チームはちょっと不安になるかもしれない
サバイバルに及ぼす効果	★★★★☆	この実験が初めてなら、プロダクトやその使い方に対する新しいインサイトが得られるだろう

手順

　この実験を試すには、次のように進めよう。

1. 開発チームと一緒に、テストしたいプロダクトバックログアイテムや仮説をいくつかピックアップする。動くソフトウェアでも、ペーパープロトタイプやデザインでも何でも構わない

2. 実際のユーザーに会えそうな場所に行く。社内利用のプロダクトであれば、食堂や打ち合わせ場所がよいだろう。ユーザーが社外にいるなら、コーヒーショップや公園など彼らを見つけられそうな場所に行ってみよう。企業によっては、公共の待合室でも潜在的なユーザーをたくさん見つけることができる

3. ペアを組んで歩きまわる。ノートパソコンを片手に、プロダクトを改善するために時間を少し割いてもらえないかお願いする。最高のフィードバックは目標にもとづいた行動から得られるものだ。ユーザーに特定の操作や目標の達成をお願いし、観察したことやフィードバックを書き留める。ユーザーの許可が得られれば操作の様子を撮影する。さまざまなユーザーからのフィードバックを集めるために、同じことを何度も繰り返す。これは、ユーザーがどのような人たちなのか、何を求めているのかを知る素晴らしい方法でもある

4. 定期的にスクラムチーム全員を集めて、気づいたことを共有し合う。リラックスして、刺激や気づきを共有しよう。驚いたこと、出てきた新しいアイデアや改善点、他に探すべきことを一緒に探る。必要に応じて、さらにテストを繰り返す

私たちの発見

- この実験が初めてなら、開発チームが緊張するのも無理はない。お互い助け合うことができるので、ペアで作業するとよい。また、ロールプレイをして、想定されるやり取りに備えておくこともできる。トランシーバーや帽子など、ゲリラ装備があると便利だ（図 6.2 参照）

- カフェでこの実験をするなら、参加者の時間とフィードバックのお礼にコーヒーをご馳走することができる

図 6.2: お気に入りのゲリラ装備を携え、できるだけ目立たないようにユーザーの周り
を這い回ろう

体験談：ユーザーリサーチ

　ここで、著者の 1 人が体験した別の話を紹介しましょう。

　私たちは、自分たちのプラットフォームに関連したカンファレンスで、小
さなブースを設置させてもらいました。これは、最新リリースに含まれる新
しいワークフローのゲリラテストをするのに最適な機会でした。モニター
2 台と、キーボード、マウスを用意しました。バナーと大きなワークフロー
のポスターも飾り、私たちは白衣を着てクリップボードを持った「研究者」
に扮しました。そして、通りすがりの人たちに、プラットフォームに対する
フィードバックをお願いしました。ありがたいことに、たくさんの人たちが
ブースに立ち止まりワークフローを操作してくれました。彼らのフィード
バックを記録し、気に入ったところ、気に入らなかったところを尋ね、どの
部分に戸惑ったのかを特定しました。このゲリラテストでは、貴重なフィー
ドバックが得られただけでなく、私たちのプラットフォームにたくさんの人
たちが興味を持ってくれました。

実験：価値あるものに集中し続ける

　私たちは集中には力があると直観的にわかっているが、集中すべきことを見つけ、集中を維持することは難しい。このセクションではこれを可能にするための3つの実験を紹介する。

プロダクトバックログの長さを制限する

　とんでもなく長いプロダクトバックログを抱えることは簡単だ。しかし短く保つには、たくさんのことがきちんと整っている必要がある。指針となる目的、権限と能力を持つプロダクトオーナーなどだ。能力としては、素晴らしいかもしれないが時間と予算に合わないアイデアに対して「ノー」と言えることが求められる。この実験の目的は、プロダクトバックログの長さを制限することで、何が起きるか確かめることだ。

労力／インパクト比

労力	★☆☆☆	実験自体は簡単だ。しかし、実験からわかることは、簡単な話ではないかもしれない
サバイバルに及ぼす効果	★★★☆	プロダクトオーナーが経験的に働くのを難しくしている大きな阻害要因が、この実験によって明らかになることが多い

手順

　この実験を試すには、次のように進めよう。

1. プロダクトオーナーと一緒に、プロダクトバックログがそれ以上長くなるとアイテムを捨てなければならない上限を決める。あらゆる状況に合う唯一の上限はない。私たちの経験では、ひと目（あるいはちょっと長め）で見ることができ、これから何をするのかがわかるプロダクトバックログの数にするとよい。一般的には短いほうがよいとされる。30〜60アイテムを上限にするチームが多い

2. プロダクトバックログが優先順位付けされている場合は、次のステップ

に進む。そうでない場合は、プロダクトオーナー、チーム、ステークホルダーと協力し、プロダクトの目的を意識しながら優先順位付けをする

3. プロダクトオーナーを呼んで、上限を超えたアイテムを全部捨てる。別の壁や Jira の別のリストに移動しては駄目だ。本当に捨てよう。物理的なボードの場合、私たちはいつもゴミ箱を持ち込み、プロダクトオーナーの目の前で捨てている。これは心が痛むし、反対されたり卒倒されるかもしれない。しかし、することとしないことを明確にすることで、ステークホルダーの期待に対する透明性が生まれる

4. プロダクトバックログの上限を可視化する。物理的なバックログならスペースを制限するだけだ。ほとんどのデジタルツールは上限設定機能をサポートしている。制限の横にプロダクトの目的をはっきりと示し、何を残し、何を捨てるかという判断基準とする

5. プロダクトオーナーには、プロダクトバックログに載せられるアイテムを最大限に活用するために、こまめに整理してもらう

私たちの発見

- この実験は、たくさんの障害を浮かび上がらせる。プロダクトオーナーが、プロダクトバックログに何を載せるかについて口を挟めないことがわかるかもしれない。チームがプロダクトバックログの下の方にあるアイテムの詳細化に時間をかけ過ぎていて、仕様を全部捨ててしまうのはもったいないと感じていることがわかるかもしれない。また、プロダクトに指針となる明確な目的がないことがわかるかもしれない。いずれにしても、制約にこだわることで、障害をただ回避するのではなく、障害を解決することに集中できるようになる

- 捨てるアイテムを明確にしつつ、敬意を払おう。それらは、プロダクトにとって可能性を秘めたアイデアだ。たとえ今のプロダクトバックログから捨てられたとしても、プロダクトにとって十分優れたものであれば、また現れるだろう

プロダクトバックログをエコサイクルにマップする

　ゾンビスクラムが存在する環境では、チームはあてもなくトボトボと彷徨い続けている。毎スプリント、毎スプリント、彼らはプロダクトに取り組み続けてはいるが、プロダクト自体が生気を失っているのだ。この実験の目的は、プロダクトバックログの生気を取り戻し、イノベーションと集中の余地を作ることである。

労力／インパクト比

労力	★★★☆☆	この実験は準備に時間がかかる。本格的にやるには何度もやる必要がある
サバイバルに及ぼす効果	★★★★☆	エコサイクルの観点から始めると、みんながイノベーション、価値、集中について考えるようになる。マルチビタミン剤のように、体によいものを一度にたくさん摂取できるのだ！

手順

　「エコサイクル計画づくり（Ecocycle Planning）」は、リベレイティングストラクチャーのツールの 1 つだ[1]。その目的は、活動のポートフォリオ全体を分析して、進捗に対する障害と機会を特定することである。プロダクトバックログを定期的に整理し、再び集中するのに素晴らしい方法だ。「エコサイクル計画づくり」は図 6.3 のように自然界のライフサイクルにもとづいている。

　プロダクト開発のコンテキストでは、プロダクトライフサイクルの中で起こるすべての作業は、次のようにエコサイクルにプロットすることができる。

- **再生**は、全く新しい革新的な、将来の作業に対するアイデアを意味する。ここには、新技術、新機能、新市場を調査するアイデアなどが含まれる
- **創造**は、アイデアを構想から具体的なものにするための作業を意味する。プロトタイプの構築、ステークホルダーとの新しいデザインのテスト、一部機能の初期のテストが含まれる
- **成熟**は、プロダクトの中で安定し成熟期を迎えたものに対する作業を意味する。ここには、サポート、バグ修正、既存のものに対する漸進的な機能

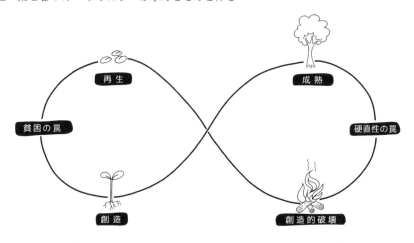

図 6.3: プロダクトバックログをエコサイクルにマップする[1]

追加や変更が含まれる
- **創造的破壊**は、プロダクトの中で時代遅れになっている部分に対する作業や、もう価値がなくなっているものに対する作業を意味する

すべての活動はエコサイクルに沿って流れるが、行き詰まることもある。全エネルギーがエコサイクルの右側に偏り、イノベーションの時間も場もないなどバランスが崩れていることもあるだろう。また、重要だとわかっていても行われない作業は、**貧困の罠**に嵌ってしまう。例えば、デプロイにおけるある特定部分の自動化、新しいフレームワークへのアップデート、不満の声が多いやっかいなバグの修正などだ。一方、長く続けているが実際にはもう何の価値ももたらさない作業は、**硬直性の罠**に嵌っている。これは、使われていない機能の保守や、もっとよいやり方があるかもしれないのに、ずっと同じやり方で行っていたりすることが該当する。すべての作業をエコサイクルにプロットすることで、プロダクトとその作業がライフサイクルのどこにあるか傾向を見ることができる。

- 健全なプロダクトバックログでは、作業がエコサイクル全体に分散している。エコサイクルの左側はイノベーションのための作業であり、右側はプ

---

[1] "The Surprising Power of Liberating Structures" を元に、Fisher Qua が描いた。

ロダクトを成熟させ、堅牢にする作業を表している。さらに創造的破壊に
あるものは、チームが意識して機能や作業を捨てる判断をする作業を表し
ている

- 硬直性の罠や創造的破壊にある作業は捨てるか、少なくとも見直す有力な
  候補になる。新しいことを始める前に、そこから始めよう。作業を捨てる
  ことで、新しいことをする余裕が生まれるのだ
- 「エコサイクル計画づくり」は、プロダクトバックログアイテムごとに行
  える。さらに、プロダクトの機能や、プロダクトポートフォリオ全体に対
  しても適用できる。応用はいくらでもできる。しかし、一度やっただけで
  は上手くいかないので、何度もやってみよう

では、これをチームでどう行うのだろうか。私たちは次のようなやり方が好
みだ。

1. プロダクトオーナーと協力して、ステークホルダーグループと開発チーム
   を招待し、作業の整理を手伝ってもらい、重要なことにあらためて集中
   する
2. 「エコサイクル計画づくり」を紹介する。マップの四象限を説明し、理解
   できるように例を示す。みんながすぐ理解できなくても大丈夫だ。可能性
   を感じてもらうためには、何度も「エコサイクル計画づくり」を体験して
   もらう必要がある
3. 参加者全員にそれぞれエコサイクルの図を紙やノートに描いてもらう。そ
   して、プロダクトのエコサイクルの中で自分が思う位置にプロダクトバッ
   クログアイテムを書いてもらう。アイテムを書くのは大変なので、作業を
   簡単にするためにアイテムに番号を付け、番号で書くこともできる
4. 8〜10人以上の大人数であればペアを作り、アイテムをエコサイクルのど
   こに配置したかを数分間共有してもらう。そして、アイテムの位置を最終
   決定してもらう
5. 用意しておいた大きいエコサイクル（床や壁にある巨大なものでも構わな
   い）に、アイテムを置くよう全員にお願いする
6. 浮かび上がった傾向についてよく考えてもらう。「アイテムの分布は、私
   たちのプロダクトについて何を物語っていると思いますか？」と質問しよ

う。最初に個人で 1 分、次にペアで数分、ペアどうしで 4 人組を作り 4
分、この作業をしてもらう。そして、最も重要だと思うことについて、そ
れぞれのグループに共有してもらう

7. 小人数のグループを作り、プロダクトバックログを整理するための次のス
テップを確認してもらう。どのアイテムを削除すべきだろうか。既存のア
イテムを置き換える新しいアイデアは何だろうか。チームには、プロダク
トバックログの整理に役立つように、貧困の罠や硬直性の罠にあるアイテ
ムや、創造的破壊にあるアイテムにも注意を向けるよう促す

私たちの発見

- プロダクトについて考えさせる「エコサイクル計画づくり」は、ゾンビス
クラムチームにとって簡単なことではない。みんながマップの四象限を理
解し、傾向の意味を把握するためには、この実験を何度も行う必要がある
- この実験では全員の声を聞くことができる。そのため、ある作業の配置に
ついてみんなが同じように感じていることがわかったとき、チームが安心
しほっとため息をつくことがある。価値がないとわかった作業を手放すこ
とは、単に作業を増やすことよりもずっと大切なことだ。この瞬間をお祝
いしよう
- エコサイクルを使ってプロダクトを可視化することを一度きりの活動に
してはいけない。大きなエコサイクルのポスターを作成し、チームの部屋
の壁に貼ることをお勧めする。エコサイクルを継続的に更新することがで
き、スクラムイベントでの有益な会話のきっかけになる

やるべき作業ではなく、望ましい成果を表現する

プロダクトにおいてやるべき作業をどう捉えるかは、実行するチームにかなり
の影響を与える。この実験はプロダクトバックログアイテム（PBI）の書き方を
変え、成果とステークホルダー中心主義について日常的に会話ができるように
する。

労力／インパクト比

労力	★★☆☆☆	ちょっとした質問で、みんなすぐに正しい軌道に乗るだろう
サバイバルに及ぼす効果	★★★★☆	この実験には、日ごろの言葉や考え方を素早く劇的に変える力がある

手順

　みんなが信じていることとは異なり、プロダクトバックログアイテムは好きなフォーマットを自由に使うことができる。スクラムガイドには、「ユーザーストーリー」という言葉は一度も出てこない。ただ、どのフォーマットを使うにしても、やるべきタスクに焦点を当ててはいけない。何を達成したいのか、なぜ達成したいのかに焦点を当てよう。誰のために開発しているのかが参考になるなら、それも書こう。次のような書き方が考えられる。

- ステークホルダーとの**会話**として PBI を書く。ソリューションの構築を始めるには、ステークホルダーと何をはっきりさせる必要があるだろうか。例：「割引コードを利用する選択肢の見た目は、ジミーを考慮したデザインにする」
- **実際のユーザーからの実際のニーズ**として PBI を書く。例：「テッサは今週の全注文を見て、誰に請求するかを知りたい」「マーティンと彼のチームは、ピートに毎度依頼しなくてよいように、出荷通知を直接送信したい」
- 最終的な**ユーザー受け入れテスト**として PBI を書く。完成したかどうかを判断できるような、ユーザーの行動は何だろうか。「ユーザーはこれこれができるか」など、はい／いいえで答えられるくらい十分明確にする必要がある。こういうアイテムは、スプリントレビューで実際のユーザーに試してもらうのに最適だ。例：「ユーザーは買い物かごに商品を追加できる」
- **成果**や**目標とする状態**として PBI を書く。価値を提供している具体的な状態として、最終的にはどうなっているだろうか。例：「アプリは、税金を含む最終的な支払い金額を表示する」

では、チームでこれをどう行うのだろうか。私たちは次のようなやり方が好みだ。

1. プロダクトバックログを作るために、チームと一緒に予定を立てる。価値のあるものとないものをはっきりさせるために、実際のステークホルダーをワークショップに招待することを強く勧める

2. 既存のプロダクトバックログからアイテムを選ぶか、バックログがない場合はやるかもしれない概要レベルの作業を選ぶ。「1-2-4-All」「最小限のスペック（Min Specs）」「即興のネットワーキング（Impromptu Networking）」のようなリベレイティングストラクチャーがここでは役に立つだろう[1]

3. 「これができると誰が得をしますか？」「これができると何が変わりますか？」「なぜ**それ**が重要なのですか？」「これをしなかったら何が起きますか？」という質問について、「1-2-4-All」を使ってアイテムごとにグループで考えてもらう。その答えにもとづいて、プロダクトバックログの一番よい表現を一緒に決めよう

4. 数スプリント分の作業が十分把握できるようになるまで繰り返す。ずっと先のことにまで時間をかけたくなる誘惑に負けないようにしよう。プロダクトバックログの下にいけばいくほど、また、起こるかどうかもわからない未来に向かえば向かうほど、アイテムは粗く大きいままでよい。より近い将来のためにエネルギーは取っておこう

私たちの発見

- PBI に達成したい成果ではなく、やるべきことを書いてしまうパターンに簡単に戻ってしまう。成果が目に見え、かつテスト可能になるように、アイテムをスライスするのに苦労しているなら、第 8 章の「プロダクトバックログアイテムをスライスする」という実験が役に立つ

次はどうしたらいいんだ？

　この章では、ステークホルダーが求めるものを作るための 10 の実験を見てきた。簡単なものもあれば、期待される効果もさまざまだ。各実験は、ゾンビスクラムが蔓延している環境でも行うことができる。試してもらって、何が起こるか確かめてみよう。

　一方、ステークホルダーが求めるものを作ることは、ニーズを満たすために速く出荷できることと密接に関係していることも発見した。ステークホルダーに届くまでに何ヶ月もかかると、ステークホルダーができるだけ早くフィードバックを返さなくてはという緊急性がなくなってしまう。ステークホルダー志向の非常に強いスクラムチームでさえ、このフィードバックの流れを失うとゾンビ化してしまう。第 3 部では、速く出荷するためにスクラムチームができることを見ていく。

「新人くん、もっと実験を探しているのか？ zombiescrum.org にはたくさんの武器がある。上手くいった他の実験があれば提案してくれ。我々の武器を増やす手助けをしてほしい」

第 3 部

速く出荷する

第7章
症状と原因

たいていの人間は、実際に何かが起こるまで、いまのこの日常が続くと信じている。愚かさのせいでも弱さのせいでもない。それが人間の性というものだ。

——マックス・ブルックス『WORLD WAR Z』

この章では

- 組織のニーズに合う速さで出荷できないという症状と観察結果を知ろう
- 速く出荷できない、よくある原因を見ていこう
- 健全なスクラムチームが速い出荷と集中の継続をどのように両立させているかを学ぼう

現場の経験談

　最近、私たちはゾンビスクラムに感染したチームに会いました。チ　ムは、2年間取り組んできた、かなりクールで革新的な（オンライン）プラットフォームの話をしてくれました。数年前のある夜、CEOが新しいプロダクトの素晴らしいアイデアで目を覚ましましたことから、それは始まったそうです。エース級の開発者からなるスクラムチームが結成され、長いプロダクトバックログに苦労しながらチームは仕事を進めていきました。時が進み、巧みなコードがたくさん書かれ、驚くような機能が何十と追加されました。会社もチームも、スクラムの作り出すリズムと仕組みを高く評価していまし

た。彼らはスクラムフレームワークとそれが規定する役割やイベントを、厳格に守っていることを誇りに思っていました。

　唯一の例外は、スプリントごとに「潜在的にリリース可能なインクリメント」ができたにもかかわらず、何もリリースしなかったことです。スクラムチームには届けた機能をテストするスキルが十分になかったことが、理由の 1 つでした。テストは廊下の先にある品質保証（QA）部門の仕事でした。新しい機能は、QA がすべてを徹底的にテストし、パスしてからでないと届けられません。ただ、QA の膨大な作業負荷を考慮すると、数スプリントは必要でした。もう 1 つの理由は、新しいバージョンをデプロイするときの手作業の多さでした。過去のプロダクトで、デプロイにとてもストレスが多くエラーが発生しやすかったのを経験していたため、このプロダクトでは最終的なローンチを一度だけすることにしていました。これに対して、チームはこのプロセスを簡単にするため、自動のデプロイパイプラインを作ることを提案しました。しかし、経営陣はより多くの機能を追加することに集中するため、これに反対しました。

　16 ヶ月後、プロダクトの最初のバージョンがついに市場にリリースされました。大規模なマーケティングキャンペーンを実施したものの、プロダクトは失敗に終わりました。顧客は予想とは全然違う使い方をしていたのです。例えば、チームが 4 ヶ月間取り組んできた膨大な API を使っている顧客は、たった 2% でした。当初の期待とは裏腹に、プロダクトは投資に見合うリターンを得られませんでした。

　間もなく、ゾンビスクラムの症状が現れ始めました。チームは穴の開いた風船から空気が抜けていくように興奮が冷めていき、モチベーションを失いました。「どこが悪かったのか？　スプリントでユーザーストーリーを全部完成させたのに！　スクラムは、こんな失敗をしないようにするためのものじゃなかったのか？」開発者の目が次第に曇っていきました。しかし、こんな失敗にもかかわらず CEO は顧客がいないわけではない、まだ少ないだけだと確固たる希望を持っていました。10 ヶ月後の次のリリースで状況は変わる、と彼は約束しました。

　このケースは、ステークホルダーが求めるものを作ること（第2部）と速く出荷すること（第3部）は、片方だけでは上手くいかない表裏一体の関係であることを示している。このスクラムチームは顧客の役に立たない機能を作っていたが、プロダクトがリリースされるまでそれに気がつかなかったのである。価値がありそうだと思う機能の開発に費やしたすべてのお金、時間、リソースは、「最初から上手くやろう」という思いが強すぎて無駄になってしまったのだ。

　この無駄の主な原因は、チームの怠慢でも、詳細な仕様不足でも、部門間調整の失敗でもない。プラットフォームを早く立ち上げ、ステークホルダーからのフィードバックを早期に得る機会を逃したことにある。つまり、この会社は、そのプラットフォームがステークホルダーの問題を解決すると過信していたのだ。また、いくつかの機能が問題を解決できたとしても、そのメリットは価格に見合うものでもなかった。速い出荷は成功を保証するものではないが、アイデアが実際に価値があるのかを速く確認し、フィードバックを受けてプロダクト戦略を調整することに役立つ。この章では、速い出荷と、複雑な仕事に直面したときの最善の生存戦略について見ていく。また、速い出荷ができない理由や言い訳についても考察する。

実際にどのくらい悪いのか？

私たちは survey.zombiescrum.org のゾンビスクラム診断を使って、ゾンビスクラムの蔓延と流行を継続的に監視している。これを書いている時点で協力してくれたスクラムチームの結果は以下のとおりだ。

- 62%：インクリメントの出荷に、かなりの手作業が必要である
- 61%：プロダクトオーナーは、ステークホルダーからのフィードバックを集めるために、スプリントレビューを全く、あるいはほとんど利用しない
- 57%：スプリント最終日にすべて終わらせなければならないという、大きなストレスとプレッシャーを受けたことがある
- 52%：まともにテストしていれば防げたはずの問題を、往々にして次のスプリントで解決する羽目になる
- 43%：次の数スプリントのためのリファインメントに、今のスプリントで時間を使っていない
- 39%：スプリントの最後に出荷できるインクリメントがないことが多い
- 31%：ときどき、あるいは頻繁にスプリントレビューをキャンセルする

速く出荷することの恩恵

　ほとんど価値のない機能にお金を使う余裕があるのか？ プロダクトに対するステークホルダーの期待は変わらないのか？ 競合するプロダクトはないのか？ ユーザーや顧客がアイデアの価値をわかってくれると、確信が持てるのか？

　この本を読んで勉強しているあなたにだから言えるが、もしこれらが実現できるなら、空腹のゾンビに私たちのおいしい腕を食べさせたっていい。速く出荷する必要性は、プロダクト開発の複雑さに含まれるリスクと強く関連している。スクラムフレームワークの目的を一文で言い表すなら、ステークホルダーに「完成」したインクリメントを十分な頻度で届けることであり、彼らに受け入れられないものにお金と時間を浪費しないようにすることである。言い換えれば、リスクがどこにあるか、どのようにしてリスクを回避・防止できるかを、できるだけ素速く学習することである（図 7.1 参照）。何が「十分な速さ」なのかは、環境、プロダクト、組織の能力に依存する。しかし、数ヶ月に一度というよりは、1〜2週間、あるいは 1 日に一度くらいの頻度だろう。仕事が複雑であればあるほど、より速く学習する必要がある。

あなたの環境の複雑さ

　複雑な環境では成功を計画することができず、あとからでないとわからない。複雑な問題を上手く解決するためには、フィードバックループを活用することが必要だ。状況を理解し、対応するためには、何が起こっているのかを知る必要がある。スプリントレビューが、組織の枠内でプロダクトを検査し、仮説を検証するだけになっているのであれば不十分だ。速く出荷してこそ、プロダクトが実際に使われる環境で検査できる。これこそが本当に重要なことなのだ。自分たちの考えは正しかっただろうか？ 市場の反応はどうだろうか？ 何に適応する必要があるだろうか？ プロダクトに対する速いフィードバックを得て、そこから可能な限り素速く学ぶことができるのである。

　出荷が速いと、市場の変化に素速く対応することもできる。チャンスを見つけ、数週間以内にそれを掴むことを想像してみよう。長いリリースサイクルに悩

なぜスクラム？

図 7.1: なぜ、わざわざ速く出荷する必要があるのか？

まされている組織は、チャンスを掴めず、競合他社に奪われ、自分たちの無力さに悩まされる。速く出荷できれば、ビジネスニーズに応じて、短期間でアイデアを価値に変えられる。これがアジリティなのだ。

　私たちが見てきたほぼすべてのゾンビスクラム組織は、それとは対照的だ。彼らは自分たちを外部から遮断する。心を持たない機械と化し、たくさんの機能を

生産してビッグバンリリースする。たまに外部からフィードバックが届いたとしても、処理に多くの時間が必要となり、プロダクトを作る人たちにまで届くことはほとんどない。このような組織は、硬直したゾンビのようにつまずき、あちこちで手足を失っているが、それに気づくことはない。

プロダクトの複雑さ

　複雑な問題には創発という特徴がある。一見単純に見える作業が、予想外の作業を次々に生み出すというものだ。開発者が、小さな変更だと思っていたことが想像以上に難しいことに気づいたときの、「あ〜あ」というあれである。例えば、ステークホルダーが「この機能はあの重要なモバイル端末をサポートしてる？」と何気なく尋ねたら、スクラムチームの誰も考えたことがなかったので、みんなが顔を見合わせたとき。あるいは、大規模で複雑なリリースのデプロイ中に次々と起こる問題を、スクラムチームが夜遅くまで作業して解決しているときなどである。

　複雑な問題への取り組みは、作業が予想を超えて雪だるま式に増える傾向がある。小さく安定したシステムから始めて、時間をかけて慎重に成長させていくほうがよいことを、複雑な問題に取り組んだことのある人なら誰でもつらい経験から学んだはずだ。長期プロジェクトの最後にインテグレーション地獄に陥らないよう、加える変更は小さくして、できるだけすぐにシステムを安定した状態に戻す。このプロセスは、（開発作業という形で）不安定さを追加したら、安定した状態に戻すという素早いフィードバックループを構成している。こうすると、インテグレーション作業が遅れることで起こりうる壊滅的な影響を避けられるため、とても変わりやすい環境でも切り抜けやすい。

　ソフトウェア開発ツールの進歩により、インテグレーション、テスト、デプロイの簡略化と自動化を楽にできるようになった。開発者がコードをチェックインすると、自動化されたパイプラインが、変更をビルドし、テスト環境にプッシュして、すべて問題なければ本番環境にプッシュする。これにより、数分おきに新しいソフトウェアを稼働させることができるのだ。あらゆるビジネスをこれほど速いペースで運用する必要はないが、この作業スタイルは、開発者がフィードバックを得るまでの時間を劇的に短縮する。開発者がミスをすればすぐに気づく

ことができ、プロダクト開発作業の複雑さを軽減できるのだ。

要するに、速く出荷しないのはゾンビスクラムのサイン

　ゾンビスクラムに苦しむ組織は、速く出荷することに苦悩している。スプリントのリズムで仕事をしているにもかかわらず、たまにしか（例えば、年に一度のリリースサイクルでしか）新しい機能を顧客に届けられない。そして、そのペースを上げるつもりもない。プロダクトが複雑すぎる、技術的に対応できない、顧客が求めていない、などがその理由だ。速い出荷を「できればいい」くらいに考え、自分たちの仕事の品質に対するフィードバックが頻繁に得られる恩恵を逃していることに、気づいていない。結果的に、ゾンビ化したスクラムが速く出荷するための障壁を高くし、速く出荷しないことがさらにゾンビスクラムの症状を悪化させる、という悪循環に陥るのである。

なぜ、私たちは十分な速さで出荷しないのか？

　速い出荷がとても素晴らしく誰もが可能性を感じているのに、ゾンビスクラムでは速く出荷できないのはなぜだろうか。このあと、よく観察されることや、その根本原因を見ていこう。原因がわかれば、適切な介入や実験を選択しやすくなるはずだ。そして、ゾンビスクラム界に巻き込まれた人たちへの共感も生まれる。誰もが最善を尽くしているつもりだが、速く出荷することができないのだ。

「新人くん、慌てる必要はない。息を吸って、吐いて、吸って、吐いて。何をブツブツ言っているんだ？ ん？ 症状すべてに見覚えがあるって？ え？ ……ヤバい！ どうする!？ 冗談だよ。症状がわかるのはいいことだ。まずはそこから。潜在的な原因が何かを考えてみよう。なぜ、きみの組織は速く出荷できないと思う？」

速い出荷がリスクを減らすことを理解していない

　ゾンビスクラムが蔓延している環境では、速く出荷することの重要性をみんな理解していない。彼らに聞いてみると、わからないと肩をすくめられるか、「自分たちみたいな、複雑なプロダクトや組織では、上手くいくはずがない」と気のない笑みを浮かべるだけだ。彼らにとって、速い出荷が可能なのは、収益の少ない小さなプロダクトか、LinkedIn や Facebook、Etsy のような巨大なテック企業だけなのだ。仮にそうしたいと思ったとしても、単純に投資額が多くなりすぎる。多くのアップデートをまとめて、大きな塊でたまにリリースする方が都合がよいのだ。正直なところ、これは健康的なライフスタイルに魅力を感じながらも、そのための頻繁なトレーニングに気が乗らないでいるのとあまり変わらない。

探すべきサイン

- スクラムチームがスプリント内でどれだけの作業を完了させるかにかかわらず、機能は四半期ごとや年ごとの大規模なリリースにまとめられる
- リリースとは、その日の夕方から翌日、あるいは週末までスケジュールを空けて、リリースに起因する問題に取り組む「総力戦」だ
- スプリントごとに新バージョンのプロダクトをリリースすべきだと説明すると、「それはここでは上手くいかない」というのが一般的な反応だ
- 「より速く出荷しないとどんなリスクがありますか？」と聞いても、誰もはっきりと答えられない
- リリースは大掛かりな作業であり、多くの変更、バグ修正、改善が含まれている。通常、リリースノートをざっと見れば十分だ

　これらの回答はいずれも、複雑な作業に伴うリスクを軽減するためには速い出荷が必要だと、誰もわかっていないことを示している。皮肉なことに、プロダク

図 7.2: 「年に一度のデプロイ、**リリースボタン**を押す前に、まず避難しなきゃ」

トやその環境が複雑であればあるほど、経験主義を用いてリスクを軽減することの重要性が高いのだ（図 7.2 参照）。

　多くのチームにとって、プロダクトの新しいバージョンをデプロイすることは苦痛を伴う。チームは、重大なミスを犯さないかピリピリしている。トラフィックの少ない真夜中などの時間帯にデプロイすることが多く、リリース後の数日間は、バグ、問題、ロールバックなどの影響を考慮して予定が空けられる。多くのチームが、できるだけデプロイしないことを選択するのも不思議ではない。

　しかし、速く出荷することは、組織向けエクササイズの 1 つだ。スクラムチームが速く出荷するということは、意図的にプロセス、スキル、技術に負荷をかけることを意味する。これ受けて、スクラムチームは、頻発する負荷に対処するために作業を最適化する方法を探し出す。自動化の幅を広げ、迅速にフォールバックできる方策を立て、「フィーチャートグル」のようなテクニックを導入し、新しいリリースの爆発半径（つまり、影響範囲）を小さくするための他の方法を見つけるだろう。運動によって、私たちの筋肉が少し傷ついてから回復することで強くなるのと同じように、リリースによって、組織が最も重要な部分の能力を培うのに役立つことがよくある。多少の痛みは避けられないが、筋肉の痛みが強度と持久力を高めるのと同じように、リリースのたびに、前よりも簡単に、速く、リスクも少なくできるようになるだろう。

　当たり前のことだが、これらの改善は、スクラムチーム自身がこのエクササイ

ズを行った場合にのみ起こる。スクラムチーム外の人がリリースに責任を持っている場合は、スクラムチームには改善する動機がない。また、スクラムチームはデプロイプロセスとデプロイ自動化ツールに対する権限を持っている必要がある。私たちが一緒に仕事をしてきた最高のスクラムチームは、自動化をプロダクトの作業の一部として扱っていた。彼らはこの作業をプロダクトバックログで可視化し、必要に応じてアイテムをリファインメントして小さくした。自動化を後回しにせず、最初のスプリントで、プロダクトインクリメントを本番環境にデプロイするための自動化基盤を構築した。それ以降のスプリントで、この基盤の上に、さらなる自動化と監視の機能を追加した。大規模なデプロイやリカバリで無駄にしていたであろう時間は、プロダクトに価値のある機能を追加することに充てられたのだ。

改善するために、チームで次の実験を試してみよう（第8章参照）。

- インテグレーションとデプロイ自動化への第一歩を踏み出す
- スプリントごとに出荷する
- 完成の定義を強化する
- 継続的デリバリーに投資するための説得材料を集める
- スキルマトリックスでクロスファンクショナルを強化する
- ゴールを達成するためにパワフルクエスチョンを使う

計画駆動型の管理が妨げになっている

　スクラムチームが素晴らしい仕事をしていても、明らかにゾンビスクラムに苦しんでいる組織もある。スプリントごとに潜在的にリリース可能なインクリメントを作成し、プロダクトの品質は高く、ステークホルダーも可能な限り参加している。スクラムチームのエンジンはトップスピードで激しく回っているのに、組織全体は動いていない。スクラムチームが短いスクラムのサイクルで活動していても、組織のあらゆるものがゆっくりとしたリズムで動いている。スクラムチームのスプリントを覆うように入念な長期プロジェクト計画や年間リリーススケ

ジュールを作成している組織を、よく目にする。私たちはこれを、**計画駆動型の管理**と呼んでいる。こうした管理をする組織は、検査と適応をできるようにするというスクラムフレームワークの目的を、完全に見落としているのだ。

探すべきサイン

- プロダクトの予算や戦略を、年に 1 回か、それ以下の頻度で立てている
- プロダクトオーナーは、年に 1 回または 2 回のリリーススケジュールでしかリリースできない
- プロダクトバックログに載せるもの、優先順位の決定は、プロジェクトマネジメントオフィスとステアリングコミッティによって厳密に管理されている
- 各スプリントのゴールや作業は、数ヶ月先、時には数年先まで計画されている
- 要件と想定される作業は、広範囲に渡って文書化され、計画されている必要がある。プロダクトバックログは長く、何スプリントも先のアイテムまで非常に詳細に書かれている

　計画駆動型の管理においては、顧客満足や具体的なビジネス成果とは関係しない遠い目標に向かって、スクラムチームは作業することになる。彼らの成功は、ステークホルダーのために価値を作ることとは関係なく、勝手に区切られた締め切りを守れたかどうかで測られることが多い。よい結果を得るための柔軟性ではなく計画への適合性で評価されると、速く出荷することには意味がなく時間の無駄に見えてしまう。たとえスクラムチームのエンジンがトップスピードで激しく回っていても、組織の泥沼に嵌まってしまいすぐに燃え尽きてしまうだろう（図 7.3 参照）。

　第 4 章で見てきたように、スクラムフレームワークは、経験からの学習（もしくは、経験主義）にもとづくものだ。これに対して、予測的に計画を行う組織のプロセスと構造は、実際の作業を行う前に問題を合理的に分析するという信念（これを合理主義と呼ぶ）にもとづいている。この分析は、詳細なプロダクト計

図 7.3:「60 年かけて、やっとスプリントプランニングで出した仮説が検証できるわい」

画とロードマップに反映されるが、実際に作業を行った際にインサイトが得られても、計画やロードマップへの適応は許されないし、奨励もされない。「最初からきちんとやろう」として、プロダクトは 1 回の大きなリリースで出荷される。このアプローチは本質的に間違っているわけではないが、複雑で予測不可能な環境では上手くいかないだけだ。

> 改善するために、チームで次の実験を試してみよう（第 8 章参照）。
>
> - 継続的デリバリーに投資するための説得材料を集める
> - リードタイムとサイクルタイムを測る
> - ステークホルダーの満足度を測る
> - スプリントごとに出荷する

速く出荷することの競争優位性を理解していない

　ステークホルダーは、投資に見合った価値が届くスピードに満足しているだろうか。「IT 部門に任せると何年もかかる」という理由で、社内のステークホル

ダーの新しい取り組みが見送られていないだろうか。経営陣や営業担当者が新た
なビジネスチャンスを掴むたびにやってきても、技術的な懸念を脅しに使って、
小うるさい彼らを追い返していないだろうか。

　チームが十分な速さで出荷していない兆候を探すには、ステークホルダーを見
るのが一番よい。彼らはチームの活動に深く関わっており、自分のお金や時間を
使っているものの、忠誠心はそれほど高くない。他のプロダクトや競合他社から
よいものが出れば、乗り換えてしまうだろう。

探すべきサイン

- 解約率が高い、または増加している。つまり既存のステークホル
  ダーがあなたの会社との取引をやめる割合が多くなっている
- ステークホルダーは、彼らの（変化する）ニーズへの反応性に不満
  を持っているか、取引をやめる理由にしている
- ステークホルダーが上手くプロダクトを使えない原因となっている
  バグをスクラムチームが解決するのに、長い時間がかかる
- 「IT 部門」が関わると時間がかかり過ぎて、そもそも相談する意味
  がないと誰もが知っているため、新しい取り組みが始まらない
- 素速く安く開発できるという理由で、プロトタイプや新プロダクト
  の開発は外注される
- 導入に時間がかかり過ぎて労力がメリットを上回ってしまうため、
  新しくて優れたツールを今のインフラにほとんど導入できない

　ゾンビスクラムに苦しむ組織は、ステークホルダーのニーズの変化によって起
こるビジネスチャンスに、素速く対応できない。原因は、IT に関わることのす
べてが、リスクを取りたくない、仕事を増やしたくない少人数の人たちによって
コントロールされていることにある。また、組織に十分なスピードでプロダクト
を出荷する能力がない場合もある。いずれにしても、このようなビジネスチャン
スは永遠に続くものではないため、素速く対応できなければ、完全に取り逃して
しまうことになるのだ。

体験談：「絵に描いた餅」

　ここで、著者の1人の体験談を紹介しましょう。

　最近、あるウェブ制作会社のスクラムチームに参加しました。彼らは10年以上前に作られたプラットフォームに代わる、新しいコンテンツ管理システム（CMS）の開発に、2年間取り組んでいました。昔は十分機能していたのですが、古いCMSは顧客の悩みの種になっていました。10年前のブラウザではちゃんと動作するのですが、最近のブラウザでは上手く動作しませんでした。そして、あまりにもパフォーマンスが悪く、それだけでユーザーをゾンビ化させました。さらに、古いプラットフォームは、モバイル機器や最新のメディアフォーマット、リッチテキストの編集などのサポートが不十分でした。しかし、何もリリースされなかったため、新しいプラットフォームは空約束にすぎないと顧客に思われていた一方、チームはびっくりするような機能追加を行うためにリリースを延期し続けました。当然ですが、新規の顧客に納得してもらうのに苦労していましたし、既存の顧客は、機会があればすぐに競合他社に乗り換えてしまいました。言うまでもなくこのチームは、市場で生き残るためにアプローチ全体を見直さなければなりませんでした。

　速く出荷しなければならないのは、社内プロダクトに取り組むスクラムチームにも当てはまる。著者の1人は給与計算ソフトを作っている会社で働いていた。その会社が業界大手に買収されたとき、たくさんの事業部門が、プロダクト開発を社内のIT部門から買収した会社に移し始めたのだ。これには、IT部門は大いにがっかりしていた。結果的に、買収した会社は最新の技術を使って隔週でリリースできたため、顧客が新しいアイデアを入れたり、市場の変化を利用したりする機会が増えた。

　技術や慣習、ニーズが急速に変化する市場において、競争力を維持するためには、速い出荷が不可欠だ。この例が示すように、組織が変化するニーズに競合よりも素速く適応できるようになる出荷の速さは、強みになる。これを活用することで、より速く実験や学習を行うことができるのだ。

改善するために、チームで次の実験を試してみよう（第 8 章参照）。

- 継続的デリバリーに投資するための説得材料を集める
- リードタイムとサイクルタイムを測る
- ステークホルダーの満足度を測る
- スプリントごとに出荷する

速い出荷の阻害要因を取り除かない

　組織やスクラムチームが速い出荷のメリットをわかっていても、それが出荷の阻害要因を取り除く継続的な努力に結び付かなければ、ゾンビスクラムになってしまう。潜在的な阻害要因には、以下のようなものがある。

- スクラムチームがスプリントで作業を「完了」させた後にも、多くの作業が発生する。例えば、QA 部門が別のスプリントで品質保証を行わなければならない。あるいは、マーケティング部門が文章を書き、写真を追加しなければならない
- スクラムチームが、チーム外の人に作業を依頼している場合、その人が忙しすぎると遅延する
- 完成した作業は、大きくまとめられ、低い頻度でリリースされる
- スクラムチーム内のスキルが、ボトルネックが起きるような形で分散している
- スクラムチームは、作業を十分に小さくするのに苦労している（詳しくは、次の項を参照）
- スクラムチームは、速い出荷に必要なツールや技術にアクセスする権限がない
- スクラムチームの作業の質が低すぎて、現在または、さらに次以降のスプリントでアイテムの大幅な手直しが発生する

　ゾンビスクラムが蔓延している組織では、作業を開始してから出荷するまでの時間である**サイクルタイム**に注意が払われていない。サイクルタイムは、チーム

の完成の定義の範囲がどれだけ広いか、チームがどう協力しているか、そして速く出荷することを妨げるその他の阻害要因について、多くのことを教えてくれる。

探すべきサイン

- スクラムチームは、サイクルタイムを全く追跡していない
- スクラムチームのサイクルタイムが長いままか、時間とともに長くなっていく
- スクラムチームは、速く出荷する能力に影響を及ぼすものを調査していない

　サイクルタイムがスプリントと同等かそれ以下の場合、チームはアイテムに取りかかり、同じスプリント内（または直後）に確実にデプロイできる。サイクルタイムが短いと、複雑な問題に付きもののリスクを軽減することができるのだ。

改善するために、チームで次の実験を試してみよう（第 8 章参照）。

- 完成の定義を強化する
- リードタイムとサイクルタイムを測る
- 仕掛中の作業を制限する
- プロダクトバックログアイテムをスライスする
- スキルマトリックスでクロスファンクショナルを強化する

スプリントで扱うアイテムが非常に大きい

　速く出荷することは、複雑な作業のリスクを軽減する素晴らしい方法だ。しかし、それが有効なのは、出荷されたものがチームの完成の定義に適合している場合のみだ。テストしていない作業をリリースすると、ブランドを傷つけ、顧客を遠ざけ、余計なリスクを負うことになる。

　部分的に完成した作業をリリースするのはよくないが、スプリントバックログ

にあるアイテムが大きすぎて、スクラムチームが 1 回のスプリントで完成でき
ない場合はどうなるのだろうか。たいてい、そのアイテムの残りの作業を次のス
プリントに持ち越すことになり、チームは新しいアイテムに取り組む時間が少な
くなってしまう。スプリントからスプリントへとアイテムを持ち越し続けていく
と、問題はさらに大きくなり、スプリントは出荷はおろか、実際には何も完成で
きない意味のないタイムボックスであると感じるようになってしまう。

> **探すべきサイン**
>
> - スプリントバックログにあるアイテムは、スクラムチームが 1 回の
>   スプリントで完成できないほど大きいことがよくある
> - スプリントバックログは、たくさんの小さなアイテムではなく、数
>   個の大きなアイテムで構成されている
> - スクラムチームは、リファインメントに時間を費やしていない

　スクラムチームがこの課題を克服するための最善の方法は、もっと働くことで
も、人を増やすことでも、完成の定義を緩めることでも、大きい付箋を買うこと
でもなく（図 7.4 参照）、1 回のスプリントで終わらないアイテムを、終わらせる

図 7.4: アイテムを書くのに大きな付箋が必要なのは、アイテムが大きすぎる兆候だ

ことができる小さなアイテムに分割することだ。チームがそれ単体でリリース可能であるように、アイテムを小さく分割することが重要なのだ。そのように分割しないと、そのアイテムについてフィードバックを受けられず、学ぶことができない。

　開発チームが獲得すべき重要なスキルの 1 つが、大きなアイテムを小さなアイテムに分割するスキルと創造性だ。開発チームは、コードを書くことから作業を始めるのではなく「多くのことを学び、届けるものの価値を高めるために、構築してデプロイできる最小のものは何か」と問い、挑戦し続けることを学ぶべきである。

　リファインメントは、アイテムを分割するスキルをスクラムチームに要求すると同時に、そのスキルを身につける機会をチームに与える。スクラムチームがリファインメントしない場合、あるいは仕様書を書くことだけに集中している場合は、必然的に大きなアイテムに苦労する羽目になる。リファインメントは、スプリント中に行うこともあれば、スプリントの前に行うこともある。いずれにしても、リファインメントを十分に行うと、スプリントの作業がスムーズに進む。私たちがスクラムチームと一緒に仕事をするときは、大きなアイテムを分割し、2〜3 スプリント先の作業を事前に把握してもらうようにしている。T シャツサイズ見積もりのようなテクニックを使えば、XL や XXL サイズのアイテムを比較的簡単に見つけることができる。まずそれらを分割し、次に L や M サイズのアイテムを分割しよう。

改善するために、チームで次の実験を試してみよう（第 8 章参照）。

- スキルマトリックスでクロスファンクショナルを強化する
- 仕掛中の作業を制限する
- プロダクトバックログアイテムをスライスする
- ゴールを達成するためにパワフルクエスチョンを使う

健全なスクラム

　健全なスクラムでは、スクラムチームはスプリントのリズムで作業を行い、その繰り返しごとに新バージョンのプロダクトである潜在的にリリース可能なインクリメントができる。インクリメントは、スプリントの終わりにはボタンを押すだけでデプロイできるような状態でなければならない。つまり、すべてのテストが完了し、品質は保証され、インストールパッケージの準備が整い、サポートドキュメントは更新されている。リリースするかどうかはプロダクトオーナー次第だが、リリースすると決めた場合は、スプリントレビューの直後にでもリリースできる。リリースしないと決めた場合は、チームが行った作業は次のスプリントの一部としてリリースされるだろう。いずれにしても、チームがリリース準備のために行った作業は無駄にはならない。

　「よし、新人くん！ まだいる？ 速く出荷できない症状と原因がわかったところで、今度は健全なスクラムを調べてみよう。ああ、確かに状況は悪いのは知っている。でも、あんな風になる必要はないよね。速く出荷するとはどういうことなのかを共有しよう。落ち着いて席に座って 5 分間瞑想しよう。そして読み進めよう……」

リリースするかしないかを決断する

　プロダクトオーナーは、開発チームやステークホルダーとのやり取りから得た情報をもとに、インクリメントのリリースを最終的に決断する。たとえリリース準備が完全に整っていても（つまり完成の定義を満たしていても）、プロダクトオーナーは次のような場合にリリースの延期を決めることがある。

- プロダクトが問題やトラブル、パフォーマンス低下などユーザーに悪影響を与える恐れがある場合。例えば、重要なビジネスルールが上手く機能していない、あるいはスプリントレビューでのステークホルダーからの

フィードバックがよくなかった場合などだ

- 現時点では受け入れられない作業をステークホルダーに要求する恐れがある場合。これは特にハードウェアを（全面的に）含むプロダクトで顕著だ。スプリントごとにハードウェアを交換しなければならないとしたら、ステークホルダーはこぞっていなくなるだろう
- プロダクトが法律や会計上の要件に適合しなくなる恐れがある場合
- 現在の市場状況を考慮すると、ブランド、組織、またはプロダクトに回避可能なリスクがある場合。例えば、クリスマス商戦のピーク時に新しいキャッシュレジスターのソフトウェアをリリースするようなことは、リリースしなくても問題なければ、1スプリント延期するほうがよい

　これらのリリース延期の理由は、ゾンビスクラムに苦しむ組織では、年に一度のリリースや、プロダクトが「完全に完成した」ときにリリースするための言い訳になりがちだ。しかし、健全なスクラム環境では、プロダクトオーナーは、頻繁なリリースが複雑な作業のリスクを軽減する最善の方法だと理解している。また、リリースしない理由が、解決すべき深く隠れた障害を示していることも理解している。例えば、ユーザーを継続的に再教育することが難しいという理由で頻繁にリリースしない場合、そもそもなぜ少しずつの変更で継続的な再教育が必要なのかという疑問が生じる。ユーザーの再教育が必要とならないように、スクラムチームはプロダクトのユーザビリティを向上させることが必要なのかもしれない。

リリースはもはやゼロイチではない

　プロダクトオーナーは常にトレードオフを行っており、「何もリリースしない」と「すべてをリリースする」の間には、さまざまな選択肢があることを理解している。ゾンビスクラムに苦しむ組織は、「リリース」をするかしないかのどちらかだと考えがちだ。一方、健全なスクラムを実践する組織は、さまざまなリリース戦略があることを理解している。例えば、スクラムチームは次のようなことができる。

- インクリメントは、いわゆる「フィーチャートグル」で無効にした新機能

を含めて本番環境にデプロイしておき、マーケティングキャンペーンが開始されたら「オン」にして新機能を公開する

- 新機能を試したい、リスクを受け入れても構わないユーザーから始めて、リスクを避けたいユーザーへと段階的に新機能をデプロイする。このよい例として、アルファ版、ベータ版、最終版と段階的にデプロイしていくプラクティスがある。他にも、多くのプロダクトが提供している「ラボ」機能は、ユーザーが実験的な新機能を利用できるようにするためのものだ
- 新しいインクリメントを選択肢としてデプロイする。例えば LinkedIn は、新旧バージョンを選択できる画面を頻繁にデプロイしている
- 新しいインクリメントをまず少人数のユーザーにデプロイし、何が起こるかを注意深く監視する。この「炭鉱のカナリア」に問題がなければ、もっと大きなグループにリリースを拡げていく
- 新しいインクリメントをユーザーが選択できるバージョンとしてデプロイする。これはハードウェアベースのプロダクトで特によく見られ、ユーザーは現在の（サポート内の）バージョンのままでいるか、新しいバージョンに切り替えるかを決めることができる
- ユーザーに新機能を利用できるように「ソフトローンチ」で新しいインクリメントをデプロイする。そして、あとからマーケティングキャンペーンを行い注目を集める

　これらの戦略に共通しているのは、チームがインクリメントをリリースする際に、数回の大規模リリースではなく、たくさんの小規模リリースを重ねて行うことができるという点である。このようにすると、補完的にリリースされるため、爆発半径（影響範囲）が限定され、各リリースのリスクを減らすことができる。何が起こっているのか、そしてどのようにプロダクトが使われているのか、それぞれの戦略から迅速なフィードバックが得られる。そのため、スクラムチームは新しいアイデアを速くテストすることができる。例えば、ある機能を旧バージョンに戻したユーザー数の追跡は、新バージョンに追加の作業が必要であることを示す、よい指針となる。

　もちろん、これらの戦略を実現するためには、十分に調整されたプロセスと技術的なインフラが必要である。ただし、最初からすべてのプロダクトがこの方法

でリリースできるとは限らない。

体験談：ミッションクリティカルで、かつ硬直したプロダクトを頻繁にリリースする

　ここで、著者の 1 人の体験談を紹介しましょう。

　私たちのスクラムチームの 1 つは、フレキシブルなスケジュールで働く従業員を管理するための、包括的でミッションクリティカルなプロダクトを担当していました。このプロダクトには、従業員と作業をマッチングする機能、勤務表を提出・承認する機能、休暇を管理する機能、詳細な管理レポートを作成する機能などが含まれていました。そして、さまざまな外部システムとも連携していました。何千人もの人たちの日々の作業がこのプロダクトに依存しているため、障害が発生するとすぐにオフィスの電話が鳴り響くことになります。

　プロダクトの最初のバージョンは 2 年間かけて成長し、その作業の大部分は 1 人の開発者によって行われてきました。その開発者が去った後、スクラムチームがそのプロダクトを引き継ぎました。その際、チームはある問題に直面しました。その問題は、構造化されていないモノリシックなコードであったため、プロダクトの一部だけをリリースできないことでした。まさにオールオアナッシング、かつ、失敗するリスクも高かったのです。頻繁なリリースを守りたいと考えたチームは、初めのうちは夜や週末などのオフタイムにリリースを行っていました。そして、このアプローチを容易にするために、スクラムチームは分離されたデプロイ[*1]と自動テストを可能にする技術を用いて、戦略的にプロダクトの一部を並行して再構築し始めました。チームは技術を巧みに利用し、ユーザー体験を統合された状態に維持し続けました。例えば、よく使うダッシュボードの一部を切り離して別のウェブアプリケーションに移し、同じダッシュボードに見えるよう維持しました。また、新しいバージョンの画面は、最初は提案として提供し、次に（戻るオプション付きの）デフォルトにし、最後に完全に移行させました。同時に、チーム

　[*1]（訳者注）ごく一部のユーザーにのみ適用されるデプロイのこと。

はデプロイパイプラインの自動化にも懸命に取り組みました。

　頻繁にリリースを続けるための努力と、それに必要な筋肉やスキルを身につけるための努力を重ねた結果、このチームは今では勤務時間中にほとんどリスクなく、好きなだけリリースできる状態になりました。

スプリント中に出荷する

　プロセスやインフラの大きな変更を伴うとしても、出荷のスピードを向上させる最大のメリットは、ステークホルダーにとって重要なことに対して、組織がこれまで以上に素速く対応する筋肉が鍛えられることだ。これは、スクラムチームがステークホルダーの要求に応えて反応するだけでなく、ユーザーから要求される前にユーザー体験を改善する方法についてのインサイトを得るために、ユーザーのプロダクトとの関わり方を監視するなど、先を見越したものもある。

　このような新しい機会に対応するために、スクラムチームはスプリントの終わりまでリリースを待つ必要はない。スクラムフレームワークは、少なくともスプリントの終わりにはリリースできるようにすることをチームに推奨している。もっと頻繁にリリースができるなら、素晴らしい！ 最終的に、スクラムチームがスプリント中に小さく継続的なリリースを行うプロセスに移行するのは、自然なことだ。これには、さまざまなスクラムイベントが、実際の生きた情報にもとづく検査と適応に、さらに注力する場になるという利点もある。

「ビッグバン」リリースはもうしない

　速く出荷する能力を身につけたスクラムチームが、年に一度の大きなリリースパーティーが懐かしいと言ってくることがある。かつてリリースは、チームが何日も残業し、巨大なインクリメントを本番環境にデプロイする神経をすり減らす活動だった。膨大な数の変更があるため、大惨事の可能性も当然高く、チームはたくさんの予期せぬ問題の修正に奔走してばかりだった。このような高ストレ

ス、高プレッシャーの活動において、リリースパーティーはリリースを乗り切れたことに対して、一斉に安堵のため息をつく瞬間だと考えると納得できる。確かに、速く出荷するチームは、もう「ギリギリの生活」をしていない。

幸い、リリースパーティーはまだ開催できる。プロダクトが常に流動的な環境にあっても、スクラムチームには、満たすべき重要なマイルストーン、達成すべき目標、満足させるべきステークホルダーがいる。「リリースを乗り切った」という明らかに程度の低い実績ではなく、祝うべきもっと価値の高いことがあるのだ。

次はどうしたらいいんだ？

この章では、ゾンビスクラムチームが十分速く出荷できていない理由について、よくある症状と原因を見てきた。速く出荷することは、必要以上の贅沢やできればよいというものではなく、複雑な仕事の不確実性やリスクを軽減するための効果的な方法の 1 つだ。これは経験的プロセス制御の中核をなすものである。速く出荷することで、プロダクトに関する仮説を検証し、必要に応じて調整を行う機会が多くなる。複雑な仕事の世界では、速く出荷することは、まさに生存戦略であり、強みでもあるのだ。

あなたのスクラムチームや組織は、速く出荷することに苦労していないだろうか。心配は無用だ。次の章に、回復の道を歩み始めるための、たくさんの実験、戦略、介入方法が書いてある。

第8章
実験

愚かな連中が走り回ってオタオタしている様子を見ずして、ゾンビ映画は楽しめないよ。

——ジョージ・A・ロメロ（『ナイト・オブ・ザ・リビングデッド』の監督）

この章では

- もっと速く出荷するための 10 の実験を見ていこう
- ゾンビスクラムを生き抜くために、実験がどのような影響を与えるのかを学ぼう
- それぞれの実験の進め方と、気を付けるべき点を知ろう

この章では、もっと速く出荷するための実用的な実験を紹介する。速く出荷できないことが原因で起きたことがわかるように、透明性を確保するために設計された実験もあれば、最初の小さな一歩を踏み出すための実験もある。実験の難易度はさまざまだが、どの実験も、その後のアクションを楽にしてくれるだろう。

透明性と危機感を生み出す実験

ゾンビスクラムが蔓延している組織では、多くの場合、速い出荷の本質を理解するのが難しい。自分たちには速く出荷するのは無理だと考えているか、すべてを一度にリリースした方が効率がよいと考えている。このギャップを埋めるため

に、ここでの実験は、チームが（より）速く出荷できないと何が起こるかを見えるようにし、危機感を生み出すことを目的とする。

継続的デリバリーに投資するための説得材料を集める

　継続的デリバリーとは、コードのコミットからリリースまでのリリースパイプラインを自動化するプラクティスだ。これがなくても速い出荷は不可能ではないが、難しいし時間もかかる。残念ながら、継続的デリバリーは「もう一回手動で」すべてを行うことにして、チームが先延ばしを続けてしまう夢の 1 つだ。また、多くの機能を届ける時間が奪われてしまうため、経営陣が継続的デリバリーへの投資を望んでいないこともある。しかし、手作業でのリリースがすでにチームの貴重な時間を奪っていることを考慮していないのだ。

　継続的デリバリーへの投資を納得してもらえそうにない場合、効果の定量化が助けになることがある。デプロイパイプラインを自動化すると、実際にどれだけのお金と時間を節約できるだろうか。この実験は、検査と適応を推進するために、スクラムマスターがどのように透明性を活用するかのよい例だ。

労力／インパクト比

労力	★★★☆☆	この実験には、継続的デリバリーの現状と望ましい姿について、ある程度の準備と計算、そして調査が必要だ
サバイバルに及ぼす効果	★★★★☆	自分たちの決断がもたらした金銭的な影響を見せることは、ゾンビが人の心を取り戻すのに効果てきめんだ

手順

　この実験を試すには、次のように進めよう。

1. 標準的なリリースでの現在のデプロイプロセスを、チーム内外含めて時系列順に図示したタイムラインを作成する。ユーザーがプロダクトを利用できるまでのプロセス全体を考えるのがポイントだ。その中で手動で行うタスクはどれだろうか。例えば「リリースノートの記述」や「リリース前のテスト手順の確認」「デプロイパッケージの作成」「デプロイ前のバック

アップの実行」「サーバーへのパッケージのインストール」などだ。この
タイムラインの作成は、自分 1 人でも、あるいは開発チームと一緒でも構
わない

2. 可能であれば、いくつかのリリースで、手作業にかかる時間を測定する。
   これが最も信頼できるデータとなる。それができない場合、それぞれの作
   業に通常どのくらいの時間を費やしているかを出してもらおう

3. 集めたデータにもとづいて、手作業ごとの平均時間を計算する。複数の人
   が関わっている場合は、全員の時間を合計する。そして、1 回のリリース
   における、すべての手作業の時間を合計する。これで、リリースごとの手
   作業に、どれだけの時間が潜在的に無駄に費やされているかを示す指標が
   できた

4. 実際のデータがあれば、バグの修正や、ロールバックの実行、リリースに
   伴う手直しにかかった時間なども、指標に入れることができる

5. 組織における開発者の時給を求める。情報が入手できない場合は、ネット
   の計算機を使って平均給与を時給に換算する。ほとんどの欧米諸国では、
   1 時間あたり 30 ドルでよいだろう。その時給に、リリース全体のすべて
   の手作業の時間を掛けあわせて、そのリリースにかかるコストを計算する

6. これで、1 回のリリースにおける、すべての手作業のコストと関係者全員
   の時間がわかる。例えば、新バージョンを本番環境にリリースするのに
   200 時間かかるとしたら、時給 30 ドルとして 6,000 ドルとなる。年に 12
   回リリースする場合は、なんと 72,000 ドルにもなる

7. プロダクトオーナーと一緒に、手作業に費やされた時間の合計を考える。
   もし、その時間でより多くのプロダクトバックログアイテムに取り組んだ
   としたら、ざっと考えて、どれだけの価値が届けられただろうか

8. 関係者を集めて、自動化によって、手作業を減らして価値のある作業をす
   る時間を作ることが可能なところを聞く。ここでの目的は、すべてを自動
   化することではなく、チームが実現でき、最も大きな効果が得られるとこ
   ろから自動化を始めることである。もちろん、作業の自動化には投資が必
   要だ。その投資によって組織がどれだけの恩恵を得られるかで、そのコス
   トを相殺することができる

私たちの発見

- リリースコストが高いと、その頻度を減らそうとしてしまうのは自然な流れだ。しかし、まとめてリリースしたとしても、変更の数（つまり、複雑さ）が増えれば増えるほど、リスクとコストが高くなることを強調することで、それに反論ができる。プロセスの一部を自動化することで、組織はその後のリリースのリスクとコストを効果的に削減できる。つまり、自動化は未来への投資なのだ
- 手作業が必要なのに先送りされやすかったり、無駄な作業を増やすだけの安易な近道が選ばれたり、面倒な手作業には副作用がある。自動化されたプロセスは作業に飽きることがないため、このような副作用が起きることはない。この点を計算に入れると、手作業が適切に実行されていれば防げたであろう問題の修正に、どれだけの時間がリリース後に費やされているかを見積もることができる

リードタイムとサイクルタイムを測る

　ゾンビスクラムが流行するのは、プロダクトバックログアイテムが組織のパイプラインのどこで、どれだけの時間「仕掛中」なのかを意識していない環境だ。プロダクトバックログアイテムは、ステークホルダーにリリースされて初めて価値がある。仕掛中のアイテムはパイプラインに存在する間、追跡、管理、調整されなければならないため、早期にリリースしないのは本質的にある種の無駄である。

　この実験は、**リードタイム**と**サイクルタイム**という 2 つの関連する指標を使って、この無駄に対する透明性を作り出すことを目的としている。リードタイムは、ステークホルダーの要求がプロダクトバックログに入ってから、リリースされてステークホルダーに提供されるまでの時間、サイクルタイムは、アイテムの作業が開始されてからアイテムが出荷されるまでの時間のことである。サイクルタイムは、常にリードタイムの一部である。2 つが短いほど出荷が速くなり、より迅速に対応することができる。そのため、リードタイムとサイクルタイムは、アジリティを計測するのに最適な指標だ。ゾンビスクラムが蔓延している環境で

図 8.1: ゾンビスクラムと本来のスクラムのリードタイムとサイクルタイムを比較した例。数字は実際の 2 つのチームのものだ

は、スクラムが上手く機能している環境よりも 2 つの時間がずっと長くなる。図 8.1 はこの点を示している。

労力／インパクト比

労力	★☆☆☆☆	この実験には、データ収集、計算、そして忍耐が必要だ。地道に行こう
サバイバルに及ぼす効果	★★★★☆	なんといっても、サイクルタイムとリードタイムは、問題のあるところを変えるきっかけとして、とても役立つ指標だ。生存率の向上が期待できるぞ！

手順

この実験を試すには、次のように進めよう。

1. この実験を行うためには、分析したいプロダクトバックログアイテムごとに 4 つの日付を記録する必要がある。記録は、すべてのアイテム、あるいはピックアップしたアイテム、どちらでもよい。まず、プロダクトバック

ログにアイテムを追加したら登録日を記録する[1]。アイテムをスプリント
バックログに載せたら、チームがそのアイテムの作業開始日として現在の
日付を記録する。次にスプリントバックログ上で完成したら、出荷日とし
て現在の日付を記録する。最後に、アイテムがステークホルダーに提供さ
れた日を記録する。これはチームがアイテムを「潜在的にリリース可能」
と判断したときではなく、実際にリリースされた日だ

2. アイテムをステークホルダーにリリースするたびに、リードタイムとサイ
   クルタイムの両方を日単位で計算し、それらの日数をアイテムと一緒に記
   録する。サイクルタイムは、チームがそのアイテムの作業開始から出荷ま
   での日数であることを忘れずに覚えておこう。リードタイムは、アイテム
   の追加からリリースまでの日数だ。少なくとも 30 アイテム分貯まるまで
   続けよう。統計的には多ければ多いほどよい

3. リードタイムとサイクルタイムの平均を日単位で計算し、フリップチャー
   トに記入する。リードタイムとは「ステークホルダーが私たちを待たなく
   てはならない期間」であり、サイクルタイムとは「私たちが何かを仕上げ
   る期間」である。これらの指標を追跡し続ければ、時間とともに改善（ま
   たは改悪）していることを示せるようになる。この章で紹介している実験
   の多くは、この 2 つの指標を短くするのに役立つ

4. リードタイムとサイクルタイムは、スプリントレトロスペクティブや、2
   つの指標を短くするのに焦点を当てた組織全体でのワークショップに使
   う。両方を短縮するにはどのような行動がとれるだろうか。そのためには
   誰を巻き込む必要があるだろうか。リードタイムの短縮を困難にしている
   阻害要因はどこにあるだろうか

5. 進捗状況を確認し、さらに改善点を見つけるために、リードタイムとサイ
   クルタイムはスプリントごとに（あるいはもっと頻繁に）再計算する

---

[1] アイテムが特定されてからプロダクトバックログに追加されるまでに時間がかかる場合は、ア
イテムが特定された日を追跡することで、より正確な情報が得られる。

私たちの発見

- ステークホルダーからの要求は、リファインメントを必要とするほど大きなものかもしれない。その場合は、このリファインメントで発生した小さなアイテムにも同じ登録日を記録する
- スクラムチームの中には、ステークホルダーにリリースする前に、外部（部門、チーム、人）の追加作業が必要な場合がある。例えば他のチームが、品質保証やセキュリティスキャン、または実際の導入を行う必要があるかもしれない。いずれの場合も、アイテムのリリース日は、そのアイテムが実際にステークホルダーに提供された日という定義で変わらない。自分のチームが他に作業を受け渡した日をリリース日とするのは、物事が上手くいっていると自分（と組織）をごまかす方法でしかない
- 平均サイクルタイムを使うのは、簡単にするために取り入れた大まかな指標だ。もっと正確なアプローチは、散布図と信頼区間を使用することだ[9]
- 選択したアイテムが同じサイズでなくても問題はない。平均値を使うので差は均等になる。ただし、作業が（だいたい）スプリントの大きさに収まるようにだけはしよう

ステークホルダーの満足度を測る

　ステークホルダーがどれだけ満足しているのかを尋ねることは、本質的には、あなたの仕事が彼らにとってどれだけ価値があるのかを尋ねることと同じだ。ステークホルダーは、あなたがニーズに十分に応えていると考えているだろうか。時間やお金の投資が、それに見合う価値をもたらすと信じているだろうか。この実験は、ステークホルダーとの共同作業に経験的プロセス制御を活用する簡単な方法だ。ステークホルダーの満足度を推測したデータではなく、客観的なデータにもとづいて意思決定することができる。

労力／インパクト比

労力	★☆☆☆☆	1 人のステークホルダーに尋ねるのは簡単だが 1,000 人は難しい。好みの難易度にしよう
サバイバルに及ぼす効果	★★★★★	ステークホルダーの満足度、すなわちどれだけ価値が届けられているかの記録を取り始めることは、ゾンビスクラムにとってショック療法のようなものだ

手順

この実験を試すには、次のように進めよう。

1. 最も重要なステークホルダーを特定する。プロダクトに実際には関与していない人を入れて、自分をごまかしてはいけない。第 5 章を参照して、真のステークホルダーとの違いを確認しよう

2. ステークホルダーの満足度を頻繁に計測することから始める。この手順の下にある質問を参考に満足度を計測する。全員に聞く必要はなく、サンプルで構わない。サンプル数が多ければ多いほど正規分布に近づき、極端な値が出にくくなるため、結果の信頼性が高まる。チームの部屋に満足度と過去の傾向を見えるようにしておくとよいだろう。スプリントレビューやスプリントレトロスペクティブでも利用できる

3. スプリントレビューにステークホルダーが参加しているなら、その終了時に満足度を計測するのが最適だ

4. ステークホルダーの満足度を計測する簡単なアンケートを作っておく。紙のフォームでもデジタルのフォームでも、やりやすい方で構わない。匿名で短いものにしておくと、回答のハードルが下がる。このデータが得られると、チームとしてより効果的な活動ができることをステークホルダーに説明しよう

　以下の質問をそのまま使うこともできるし、独自の質問でも構わない。各ステークホルダーの満足度は、（1〜7 の 7 段階で回答する）4 つの質問の平均値で表す。ステークホルダー全体の満足度は、各ステークホルダーの満足度を平均すると算出できる。

1. 質問、ニーズ、課題に対する私たちの対応にどの程度満足していますか？
2. 投資したお金や時間に対して、私たちが届けた結果にどの程度満足していますか？
3. 機能、アップデート、修正を届けるスピードにどの程度満足していますか？
4. 今の調子で進むと、半年後の満足度はどの程度になると思いますか？

私たちの発見

- 平均を計算する際には、平均は極端なスコアに敏感であることに留意する。極端に満足または不満なステークホルダーが 1 人いると、結果が歪んでしまう。非常に大まかな目安として、参加者が 30 人未満では、平均値よりも中央値のほうが信頼性が高い。また、参加者が 10 人未満では、中央値よりも最頻値のほうが信頼性が高い[*2]
- 数値をチームの比較に使ってはいけない。すべてのチームは異なる。その代わりに、ステークホルダーを含めた全員が数値の意味を理解し、低い場合はどう協力して改善できるかを考えよう

もっと頻繁に出荷するための実験

　速い出荷が複雑な作業のリスクを減らせることをスクラムチームが学んだら、次の課題はそれを妨げているものを取り除くことだ。以下の実験は、対象とする領域の改善を助け、より速く出荷できるようにする。

インテグレーションとデプロイ自動化への第一歩を踏み出す

　自動化は、速い出荷を実現するための第一歩だ。自動化しなければ、リリースのたびに繰り返される手作業が大きな障壁となる。この単調でつまらない作業が、特に手動テストの手抜きに繋がり、プロダクトの完全性を低下させる可能性

[*2] 中央値とは、すべての値を低い方から高い方へならべたときに中央になる値のことだ。偶数の場合は、2 つの中央値の平均値となる。最頻値は、最も頻繁に出現する値である。

がある。

　しかし、チームは自動化作業にも圧倒されてしまう。自動化を念頭に置いて設計されていないレガシーなアプリケーションを開発している場合はなおさらだ。どこから始めたらよいかわからない、プロセスの重要な部分がコントロールできない、こういった場合はどうしたらよいだろうか。複雑に絡み合った依存関係や技術は、どうやってほどいていけばよいだろうか。

　自動化の旅を完全に諦めるのではなく、自分でコントロールできる簡単なものから始めよう。この実験は、小さく始めて大きな変化を起こすことを目的とした、リベレイティングストラクチャーの「15% ソリューション（15% Solutions）」[1]にもとづいている。15% ソリューションとは、誰かの承認やリソースを必要とせず、すべて自分の裁量でできる最初の一歩のことだ。自信をつけ、小さな成功を喜び、困難な状況を乗り越える力をつけるためには、うってつけだ。

労力／インパクト比

労力	★★☆☆☆	自動化は困難だが、最初のステップを見つけて実行することはそうでもない
サバイバルに及ぼす効果	★★★★☆	自動化しないと速く出荷することはできない。それが実現できれば、生き延びるチャンスは大きく広がる

手順

　この実験を試すには、次のように進めよう。

1. 2時間ほど作業ができる場所を確保し、チームを招待する。会議の参加は任意にして、強制しない。壁や床に「バリュー／エフォート」キャンバス（図8.2参照）を用意する

2. まず、現在の退屈な状況に留まるのではなく、希望に満ちた未来へ向かって旅立つことから始める。参加者に立ち上がってもらい、ペアを作り、自分たちの仕事がもっと自動化されたらどうなるかを3分間話し合ってもらう。簡単になるのは何だろうか。今はできないが、どんなことができるようになるだろうか。これをペアを変えてあと2回繰り返す。その後、最も驚いたこと、最も影響または効果がありそうなこと、重要な変化などを、

グループ全体で数分かけて共有する

3. グループが希望に満ちた未来のビジョンを描いたところで、現在に戻る。個人で静かに数分間、その未来に向かって進むための 15% ソリューションを書き出すようにお願いする。15% ソリューションとは、チームが今すぐできることで、承認や今使えないリソースを必要としないもののことだ。例えば、「外部ライブラリをパッケージに置き換える」「X のユニットテストでパスするものを 1 つ作る」「デイブに頼んでクラウドベースのデプロイサーバーにアクセスできるようにしてもらう」などだ。次にペアで 4 分間、アイデアを共有し、さらにアイデアを出してもらう。4 人組を作り数分間でアイデアを共有したり出したりしてもらう。4 人組には、この後のために最も有望な 5〜8 個のアイデアを付箋に書いてもらう

4. バリュー／エフォートキャンバスを紹介する。参加者の参考になるように、実現が非常に簡単な解決策（例：1 時間ごとにサイトが稼働しているかどうかを自動的にチェックする）と、非常に難しい解決策（例：新しいバージョンのデプロイが失敗した場合、自動的にロールバックする）を 1 つずつ挙げてもらい、それらをキャンバスに貼り付ける。同じことを、影響が小さい解決策と、影響が大きい解決策についても行う。その後、4 人組で 10〜15 分作業し、それぞれの解決策が他の解決策と比べてキャンバスのどの位置にあるかを決めてもらう

5. すべての解決策がマッピングされたら、チームで 15〜20 分かけて、次のスプリントで取り組みたい解決策を選ぶ。「時間とお金の無駄」（労力が多く、影響が小さいもの）は避け、「素速い成功」（労力が少なく、影響が大きいもの）から始める。取り組みたい解決策が多い場合は、最も恩恵をもたらしそうな解決策にドット投票してもらう。この実験をスプリントレトロスペクティブで行っている場合は、解決策を次のスプリントのスプリントバックログに入れ、スプリントレトロスペクティブ以外で行っている場合はプロダクトバックログに入れる

6. 必要に応じてこの実験を繰り返し、継続して自動化を進める。「素速い成功」で変化を起こせるという自信を持ち、そこから「簡単に達成できる」や「大きな成功」に挑戦していく

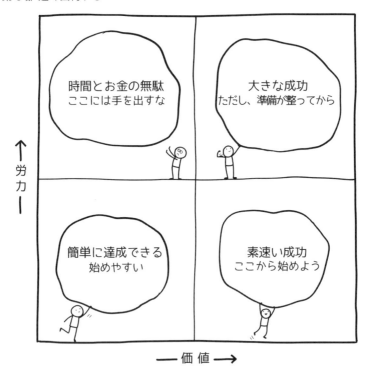

図 8.2: バリュー／エフォートキャンバスは実現しやすい解決策を素速く選ぶのに最適だ

私たちの発見

- キャンバスの上半分「高い労力」にある解決策は、おそらく 15% ソリューションではないだろう。これらの解決策に着手するための最初のステップを見つけるために、もう 1 回この実験を行って、解決策を洗練するとよい
- 解決策を実現するためには、プロダクトオーナーの協力と権限が必要になるだろう。プロダクトオーナーに参加してもらうために努力しよう。何に最も価値があるかプロダクトオーナーの視点を提供してもらいつつ、プロダクトオーナーにとっても、速く出荷することに伴う複雑さを理解するよい機会となるだろう

完成の定義を強化する

完成の定義は、すべてのプロダクトバックログアイテムの実装を規定する一連のルールだ。「完成」とみなされるためには、すべてのアイテムが完成の定義に従っていなければならない。この定義は、あなたの仕事にとって品質とプロ意識が何を意味するのかという明確なゴールを設定することで、手戻りや品質の問題を減らす。完成の定義を上手く使うためには、3 つのステップがある。

1. 完成の定義を持つ
2. 実際に完成の定義を使う
3. 完成の定義を少しずつ強化し、プロに相応しいものにする

完成の定義がない、または使っていない場合は、まずそれを解決しなければならない。そして、もっと速く出荷するために、少しずつ定義を広げていく。

労力／インパクト比

労力	★★★☆☆	この実験は簡単だが、デプロイプロセスの透明性を作り出すのは難しいかもしれない
サバイバルに及ぼす効果	★★★★☆	機能する野心的な完成の定義は、速く出荷するための強力なツールとなる

手順

この実験を試すには、次のように進めよう。

1. スクラムチームを集め、現在の完成の定義をよく理解する。そして、完成の定義が、現在行っていることを正確に表しているかを確認する。スプリントレトロスペクティブで、これを定期的に実施しよう

2. 「スプリント後すぐにリリースするなら、高い品質を確かなものとするために完成の定義にどんなルールが必要ですか？」と質問をする。プロダクトバックログアイテムやインクリメント全体が、スプリント後すぐにリリースできるくらい「完成」しているには、現在の完成の定義に加えて、どのようなルールが必要だろうか。現時点では全く実現不可能であっても、

　　高品質なプロダクトをリリースすることを保証するための不可欠なルール
　　も含めよう。追加したルールは完成の定義とは別のリストにまとめる

3. これで、現在の完成の定義と、まだ守れていない、または守れないルール
　　の 2 つのリストができた。2 つ目のリストは、今やっていることと、複雑
　　な作業のリスクを減らすために必要なこと（第 4 章参照）とのギャップを
　　表している。このギャップリストの項目に取り組むことで、現在存在する
　　リスクを取り除いたり、減らしたりできるだろう。ギャップが大きければ
　　大きいほど、多くのリスクを受け入れることになり、多くの作業が必要と
　　なる。ほとんどのゾンビスクラムチームは、大きなギャップからスタート
　　する。自分が重度のゾンビ化した環境にいることに気づいたら、大きな変
　　革を目指すのではなく、小さな改善を繰り返し、完成の定義を広げていく
　　のが最良の戦略だ

4. 「スプリント後すぐにリリースできるようになるための最初のステップは
　　何ですか？」とチームに質問をする。承認や今使えないリソースを必要と
　　せずに、チームが今すぐできることは何だろうか。誰を巻き込む必要があ
　　るだろうか、援助や支援はどこで得られるだろうか。この章の実験「イン
　　テグレーションとデプロイ自動化への第一歩を踏み出す」と「スプリント
　　ごとに出荷する」は、チームがもがき苦しんでいるときに役立つ。完成の
　　定義を広げるために、特定のタスクを自動化したり、人を巻き込んだりす
　　るなど、具体的で実行可能なアクションアイテムを考えよう

5. 次回以降のスプリントのスプリントバックログに、1、2 個のアクション
　　アイテムを追加する。完成の定義とギャップリストの両方を、チームの部
　　屋に見えるように貼り出しておく。ステークホルダーと協力して完成の定
　　義とギャップリストに取りかかろう。彼らは本来味方だ。完成の定義の拡
　　張は、品質の向上と、ステークホルダーがより早期に価値を受け取ること
　　を可能にする。「ギャップリストの項目を完成の定義に含め、関連するリ
　　スクの発生を防ぎたいのですが、何か上手い解決策はありそうですか？」
　　と継続的に問いかけよう

私たちの発見

- 大きな改善項目は、スプリント内で実際に達成できる大きさに分割する。大きな飛躍よりも、小さな一歩をいくつも重ねるほうが効果的だ
- すでにスプリント直後にリリースできている場合は、スプリント中に個々のプロダクトバックログアイテムをリリースする能力の向上のために、ルールや手順の追加をチームに検討してもらおう。そうすることで、実験をより高いレベルに引き上げることができる
- 改善活動がビジネスニーズに沿っていることを確認する。スプリントの大部分を改善にあてるのは、スクラムチームとステークホルダー全員が同意している場合に限る

スプリントごとに出荷する

　新しいプロダクトを開発していると、リリース予定のすべてが完成するまで、出荷を遅らせたいと思うことがあるだろう。また開発チームは、自分たちの作業の質が十分ではない不安から、プロダクトのリリースを遅らせてしまうかもしれない。プロダクトオーナーは、多くの価値を届けるために、多くの機能を追加しようとして出荷を遅らせたいと思うかもしれない。このような判断は時に正しいかもしれないが、いつまでもリリースを延期しているスクラムチームは、失敗を招くことになる。リリースの頻度が低いと、スクラムチームがプロダクトや自分たちの仕事のやり方を改善するプレッシャーがなくなり、悪い習慣が定着してしまう。プロダクトオーナーは、価値のわからない機能を大きなリリースの中にどんどん積み上げ、フィードバックを遅らせ、無駄を増やす。そして、ある機能が実際に役立つことがわかったとしても、それからユーザーが得られるはずの価値の実現が遅れてしまう。

　この実験は、チームにリリースするように圧力をかけるものだ。速い出荷を大層なものとするのではなく、スクラムチームが速く出荷することでしか得られない、フィードバックにもとづく学習が可能であることを原則としている（図 8.3 参照）。

図 8.3: 開発チームはプロダクトに細部を追加し続けているが、顧客はもっとシンプルなものを今すぐ必要としている

労力／インパクト比

労力	★★★★☆	この実験は重要な躍進をもたらす。それには信頼、集中、勇気が必要だ
サバイバルに及ぼす効果	★★★★★	現在、リリースの頻度が非常に低いなら、この実験の効果は絶大だ。どこに障害があるのかを明らかにするだろう

手順

この実験を試すには、次のように進めよう。

1. スクラムチームと一緒に、リリース頻度が低いと何が起こるのか考える。どんなミスを犯すのか、どこでリスクが増えるのか。試しに 5 スプリントまたはそれ以上でもよいが、最低でも毎回スプリントの終わりにリリースする目標を設定する

2. 第 7 章の健全なスクラムで取り上げたさまざまなリリース戦略を一緒に考える。スプリントごとにリリースするという原則からすると、どの戦略が最も実現性が高いだろうか

3. 本番環境へのリリースをどう祝うか一緒に考える。プロダクトオーナーに

軽食を用意してもらう、その後飲みに行く、一緒にゾンビ映画を見るなど、方法はいろいろある。そして、ステークホルダーもお祝いに呼ぼう

4. 前回のリリースからのスプリント数を記録し、スプリントレビューやデイリースクラムでその数を確認する。スプリントレトロスペクティブを使って、頻繁にリリースすることで何が達成されたかを掘り下げる

5. リリースできなかった場合は、その理由を記録する。これは注目したい阻害要因だ。例えば、チームにリリースするスキルがないかもしれないし、チーム外の人に依存しているかもしれない。技術やインフラがそれをサポートしていないかもしれない。あるいは、プロダクトオーナーがリリースする権限を持っていないかもしれない

6. 前回のリリースからのスプリント数や、リリースの阻害要因をチームの部屋に貼って透明性を確保する

私たちの発見

- この実験は躍進をもたらすものであるが、その躍進にはスクラムチームからの尊敬と信頼を必要とする。この実験を開始するあなたにチームからの尊敬と信頼が足りないのであれば、まずは他の実験に集中しよう

- チームにはリリースの管理権限がないかもしれない。リリースの頻度が変えられなかったり、権限を行使できなかったりするなら、ステージング環境や受け入れテスト環境にリリースするという不完全な代替手段で我慢しなければならないかもしれない。実際のステークホルダーにリリースするのと同じメリットは得られないが、全くリリースしないよりは多くのことを学べるだろう。スプリントレビューでこの環境を使い、ステークホルダーと一緒にインクリメントを検査しよう

- ステークホルダーはもともと味方だ。彼らを巻き込むと、彼らに速く価値を届ける際の阻害要因を取り除くことができる

ゴールを達成するためにパワフルクエスチョンを使う

　スクラムチームが、スプリントごとに「完成」したインクリメントを作ること
に苦労しているなら、速く出荷するのは難しい。これは、チームメンバーが同時
に取り組むアイテムが多すぎて、どれも完成するのが難しい場合に起こることが
多い。スプリントの終わりが近づくと、チームメンバーは仕掛中の作業をすべて
終わらせようという焦りから、ストレスが高まっていく。この実験は、パワフル
クエスチョンを使って、開発チームがスプリントゴールに集中していられるよう
にするものだ。

　開発チームのメンバーがスプリント中にコラボレーションするように、優しく
促すことができる。誰もが答えるべきだとわかっていながら、空気が重くなりそ
うで避けられているパワフルクエスチョンを、心理学者のように投げかけるとよ
い。デイリースクラムは、コラボレーションが（少なくとも）起こるようにして
いる場であるため、このような質問をするのに最適だ。

労力／インパクト比

労力	★☆☆☆☆	デイリースクラムで質問すること以外に特別なスキルは必要ない
サバイバルに及ぼす効果	★★★★☆	スクラムマスターがこの実験で紹介したような質問をする役目を担うと、すべてが変わり始める

手順

　この実験をする前に、時折パワフルクエスチョンを使って、開発チームが考え
るのを手伝ってもよいかどうか、率直に話し合おう。ここでは、現在取り組んで
いる、または取り組もうとしているアイテムについて話しているときに使える質
問の例を、いくつか紹介する。

- このプロダクトバックログアイテムに取りかかると、スプリントゴールの
  達成にどう役立つだろうか？
- みなさんがステークホルダーだとしたら、スプリントゴールを達成するた
  めに、今日取り組むべき最も価値のあることは何だろうか？

- 新しいことを始めるのではなく、他の人の仕掛中の作業を終わらせるためにできることは何だろうか？
- このアイテムを完成させるために、他の人が協力できることは何だろうか？
- このアイテムの完成を妨げているものは何だろうか？　助けが必要なのはどこだろうか？
- このアイテムの作業を中止したら、スプリントゴールにどのくらい影響があるだろうか？
- 一緒に取りかかっている作業の最大のボトルネックは何だろうか？　それを取り除くために今日できることは何だろうか？
- 仕掛り作業ではなく新しい作業を優先して取り組むと、スプリントゴール達成の可能性はどのくらい高まるだろうか？

　何回かのスプリントで試してみて、何が起こるかを確かめてみよう。きっと、他のメンバーが同じような質問を投げかけ合っていることに気づくだろう。適切な質問をすること、そして質問の仕方を学ぶことは、開発チームも学ぶべきスキルなのだ。

フローを最適化するための実験

　チームがスプリントバックログのアイテムを 1 回のスプリントで完成させるのに苦労しているようでは、速い出荷は難しい。フローを滞らせる問題にはさまざまな理由がある。チームのスキルが不足していたり、大きすぎるアイテムに取り組んでいたり、同時に多くのことに取り組んでいるなどが挙げられる。この後に紹介する実験は、ボトルネックを取り除き、同時に行う作業の数を減らすことで、フローを最適化する助けになる。

スキルマトリックスでクロスファンクショナルを強化する

　あなたのチームは、1 人しかテストができないことがボトルネックになっていないだろうか？　開発者は、何かを実装するのに時間がかかり、完成するまで他の人の作業を止めていないだろうか？　また、チームメンバーは、他にやること

がないからといって、無関係で価値の低い作業を始めていないだろうか？ このような症状は、チームが十分にクロスファンクショナルになっていない場合に発生する。ある人には作業が積み重なり、ある人には遅れが生じる。

スクラムフレームワークは、複雑な問題に取り組む際に発生する予測不可能な課題を克服するために、クロスファンクショナルなチームを基盤としている。ワークフローの中でアイテムがスムーズに流れるとき、あなたのチームは十分にクロスファンクショナルになっている。クロスファンクショナルといっても、誰もがどんなタスクもこなせるというわけではないし、すべてのスキルを持つエキスパートを 2 人以上チームに加えなければならないというわけでもない。多くの場合、特定のスキルを持つ人がもう 1 人いるだけで、たとえその人の作業が遅く経験が浅くても、ほとんどの問題を防ぐのに十分なフローの改善ができるだろう。

この実験は、チームがクロスファンクショナルを向上させるための実践的な戦略を提供する（図 8.4 参照）。

労力／インパクト比

労力	★★★☆☆	この実験は、ゾンビスクラムの手ごわい原因の 1 つを狙ったものだ。諦めや冷笑的な態度に対処しなければならないかもしれない
サバイバルに及ぼす効果	★★★★★	チーム内でスキルを分散させる方法を見つけることは、フローの改善だけでなく、やる気の向上にも繋がる

手順

この実験を試すには、次のように進めよう。

1. チームと協力して、標準的なスプリントで必要なスキルを洗い出す。フリップチャートに、縦軸がスキル、横軸がチームメンバーの表を作成し、スキルをマッピングする。自分がどのようなスキルを持っているかを判断し、プラス記号（＋、＋＋、＋＋＋）を使ってそのスキルの熟練度を自己評価するようにお願いする

2. 表を書き終えたら、「チームのスキル分布について、気づいたことはありますか？ 一見してわかることは何ですか？」と質問する。これについて、

図 8.4: スキルマトリックスでクロスファンクショナルを強化する

　個人で 2 分、ペアで数分、よく考えてもらう。そしてグループ全体で、大事だと思ったことをフリップチャートにまとめる

3. 「これはチームの作業にどんな影響がありますか？　何に注目して改善すべきですか？」と質問する。まず個人で考え、次にペアで数分間考えてもらい、一番の気づきをフリップチャートに書き留める

4. 「どこから改善に取りかかるべきですか？」「他人の承認やリソースを必要とせずに、私たちにできる最初の一歩は何ですか？」と質問する。これも、個人で考え、次にペアで数分間考えてもらい、一番よいアイデアをフリップチャートにまとめる。実現可能性を見出すのに苦労する場合には、この後説明する戦略をヒントにしよう

5. 作成したスキルマトリックスはチームの部屋に貼り、頻繁に更新する。スキルマトリックスは、スループットやサイクルタイムなどのフローベースの指標に結び付けることができる。そのような指標は、クロスファンクショナルの向上に伴い、時間の経過とともに改善されるだろう。方法については、「仕掛中の作業を制限する」という実験を参照しよう

チームのクロスファンクショナルを向上させる戦略は数多くある。

- チームに足りないスキルをすでに持っている人を加える。当たり前に思える解決策だが、スキルを持った人を加えられるとは限らない。また、他の

スキルにボトルネックが移動し、専門性の高い人をさらに加えなければならないという「スキルのモグラたたき」のように場当たり的な対応を引き起こす可能性もあるので、この解決策が本当に構造に有効かどうかは疑問だ。専門性の高い人をさらに加えるのではなく、スキルをみんなでカバーするほうが効果的な場合が多い

- チームに足りないスキルが必要なタスクを自動化する。例えばデータベースのバックアップや、リリースのデプロイは、データベーススペシャリストやリリースエンジニアが行うことが多い重要なタスクだ。これらを自動化すると、スピードも速くなるだけではなく、実行頻度も増やせ、同時に制約もなくなる

- 意図的にチームの仕掛り作業を制限する。新しい作業を開始できる数に制約を設け、クロスファンクショナルを推し進めることができる。他にやることがないという理由で新しいプロダクトバックログアイテムを始めるのではなく、「他の人が今やっている作業で、できることはありますか？」とか、「この作業で、他の人ができることはありますか？」と聞くようにする。助けを求めたり名乗り出たりしやすいのは、デイリースクラムだ

- 数人しかできない作業をペアで行うように促す。経験豊富な人と未経験の人をペアにすると、経験の浅い人は新しいスキルを身につけられるし、両者がサポートし合うためのよい方法も見つけられる。例えば、フロントエンドを担当する開発者とバックエンドを担当する開発者がペアを組むと、ボトルネックが発生したときにお互いにサポートがしやすくなる

- 「実例による仕様（Specification by Example）」[10] などのアプローチを使って、顧客、開発者、テスターが協力して自動テストケースを作成する。同様に、フロントエンドのフレームワーク（Bootstrap、Material、Meteorなど）を使えば、デザイナーと開発者が共通のデザイン言語を使って共同作業しやすくなる

- スキルワークショップを開催する。特定のタスクに熟練した人がそのタスクをどう実行するかを実演したり、他の人がタスクを実行するのを助けたりする

私たちの発見

- スクラムチームが長い間ゾンビスクラムの影響を受けていると、決して何も変わらないと思い込むようになるだろう。当然、冷笑されることもある。このような場合には、できるだけ小さな改善から始めて、変化は可能であり、それを実現するために時間を費やす価値があることを示そう
- チームメンバーのスキルの幅が狭く、特化している場合、スキルを広げることがチームにどのようなメリットをもたらすのか、理解してもらえないことがある。また、チームに対する自分の貢献が見えなくなることを、メンバーは恐れるかもしれない。個人の貢献よりも全体の成果を強調するために、チームの成功を祝うようにしよう

仕掛中の作業を制限する

　直感的に、マルチタスクをすると、より多くの作業をこなせるように感じる。しかし、特にチームで作業をする場合、同時に多くのタスクに取り組もうとすると、実際にはどれも終えられないことが多い。忙しいのは確かだが、タスクを再開する際、コンテキストを思い出すのにたくさんの時間を使ってしまうのだ。チームがどのように作業をしているかを考え、実際にどれだけの作業を完了しているかを分析すると、同時に行う作業を少なくしたほうが、チームがより多くの作業を終わらせることができると気づく。仕掛中の作業（WIP）を制限してフローを最適化することは、この直観に反する事実の上に成り立っている。仕掛中の作業を制限することによって、チームがスプリント期間中にどのように作業を最適化すればよいのかがわかる。そのため、スクラムフレームワークとの相性も抜群だ。

　この実験は、仕掛中の作業を制限し、何が起こるかを見るためのよい一歩になるだろう。もっと詳しい情報や潜在的な落とし穴については、Scrum.org による『スクラムチームのためのカンバンガイド』[11] を強くお勧めする。

労力／インパクト比

労力	★★★☆☆	この実験は適切な場所に圧力をかける。解決するためには創造力と巧妙さが必要な、痛みを伴う阻害要因を表面化させるかもしれない
サバイバルに及ぼす効果	★★★★★	仕掛中の作業を制限することは、スプリントでより多くの作業を終えるための最善の方法だ

手順

この実験を試すには、次のように進めよう。

1. スクラムチームと一緒に、プロダクトバックログアイテムがチームの現在のワークフローをどのように移動するかを表すスクラムボードを作成する（図 8.5 参照）。例えば、スプリントバックログからアイテムが引き出されると、「コーディング」から始まり、「コードレビュー」「テスト」「リリース」と進み、「完成」で終わる。10 列以上あるボードから始めるのではなく、最小限の列で始めよう

2. スクラムチームと一緒に、一度に 1 つの列に置けるアイテム数の上限（WIP 制限）を決める。例えば、「コーディング」と「テスト」は 3 つ、その他の列ではそれぞれ 2 つに数を制限する。仕掛中の作業をできるだけ制限したいが、1 つに制限するのが実現不可能な場合もある。最適な数を見つけるには経験的プロセスを採用するとよい。さまざまな制限を試して、それがスプリントの作業量にどのような影響を与えるかを計測する。平常のスプリントにおいて、ある列ではどれだけの作業が「仕掛中」かを調べ、仕掛中の作業の上限を下げる。これは、何が起こるかを確かめるためのよい一歩になるだろう

3. 今後のスプリントの WIP 制限を尊重することをスクラムチームと合意する。ある列の項目数が上限を下回ったときにのみ、その列に作業を引き取ることができるということだ。すべての列が WIP 制限に達している場合、手が空いているメンバーは、さらに作業を引き取るのではなく、ペアを組んで仕掛中の作業を助ける。この制限は、できることに制約を課すことで、システムに圧力をかけていることに気づくだろう。単に作業を追加

することより、今はコラボレーションが不可欠であると、チームは学習する。また、この制限は、ボトルネックを明らかにし、阻害要因を表面化する。例えば、テストを担当できるメンバーが専任でない場合、テストの列にはすぐに仕事がたまるだろう

4. 関連する 2 つのフローベースの指標を追跡すると、どこで、どのように制限を最適化するかを判断することができる。1 つ目は**スループット**、つまり各スプリントで完成したアイテムの数だ。2 つ目は**サイクルタイム**、つまりスプリントバックログに入れてから完成までの間、アイテムがボード上に存在している日数だ。サイクルタイムを追跡する簡単な方法は、仕掛中のアイテムに 1 日ごとに点を打ち、最後に点の数を計算することだ。サイクルタイムが短縮されると、チームの反応がよくなると同時に、予測可能性も高まる[9]。多くのアイテムが完成し、多くの価値が届けられるようになると、スループットも向上するはずだ

5. これらの指標は、スプリントレビューやスプリントレトロスペクティブのインプットとして、また、仕掛中の作業の制限を変更する際の判断材料として利用する

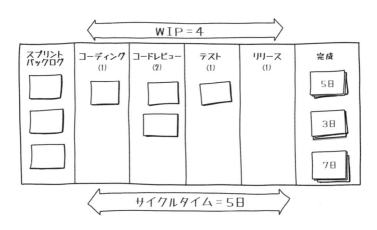

図 8.5: 仕掛中の作業の制限とフローベースの指標があるスクラムボードの例[*3]

[*3]（訳者注）この例では、各列に WIP 制限を設け、さらに全体でも制限（WIP=4）を設けている。

私たちの発見

　この実験を行う際は、以下の点に注意しよう。

- 制限をスプリント中に変更する誘惑に抵抗し、スプリントレトロスペクティブで変更を行うこと。そして、この変更がフローの指標に与える影響を追跡しよう。多くの場合、WIP 制限を緩めると、根本的な阻害要因が見えなくなる。例えば、チームに 1 人しかいないテスターへのプレッシャーを減らそうと、テスト列の制限を緩めたら、テストをできる人が十分にいないという事実は隠蔽されてしまう。制限を緩めるのではなく、そのスキルをチームに追加する方法を見つけよう（例：トレーニング、新しいメンバー、または他のテスト方法）
- 仕掛中の作業を制限することで発生する阻害要因を取り除くために、プロダクトオーナーとステークホルダーに相談する。この阻害要因を取り除くことで、どうスループットが向上し、サイクルタイムが短くなるのか、そしてなぜそれが彼らにとって有益なのかを理解してもらおう

プロダクトバックログアイテムをスライスする

　チームがリリースに苦労する極めて根強い理由の 1 つは、1 回のスプリントで終わらないくらいアイテムが大きすぎることだ。アイテムが大きければ大きいほど、リスクや不確実性が高くなる。1 回のスプリントで 2 つ、3 つ、もしくは 4 つの大きなアイテムに取り組んだ場合、それぞれの停滞や遅延がインクリメントを全く届けられないという結果になりかねない。そのため、大きなアイテムを小さなアイテムに分割する方法は、開発チームにとって重要なスキルだ。小さなアイテムは、チーム内の作業の流れをよくし、予測可能性を高め、スプリントゴールを達成するために、アイテムを追加・削除するかを決める柔軟性を与えてくれる。これこそが、スクラムフレームワークで継続的に行われている**リファインメント**という活動の本質なのだ。

　この実験は、大きなアイテムを小さなアイテムに分割するスキルの開発を始めるためのものだ。スクラムマスター、開発者、プロダクトオーナーとして、パワ

フルクエスチョンを使い、このスキルの開発を促していく。この実験は、リベレイティングストラクチャーの「ワイズクラウド（Wise Crowds）」[1]にもとづいている。

労力／インパクト比

労力	★★☆☆☆	質問をするのは簡単だ。「スライスできない」と思われるアイテムをスライスする上手いやり方を考え出すのは簡単ではない
サバイバルに及ぼす効果	★★★★☆	2、3 の大きなアイテムではなく、たくさんの小さなアイテムに取り組むことを学ぶのは、この実験で得られる非常に有効なスキルだ

手順

この実験を試すには、次のように進めよう。

1. スクラムチーム[*4]で、開発者主体のリファインメントワークショップを開催する。全員に参加を求めるのではなく、任意参加とする。極力プロダクトオーナーには参加してもらおう。非常に大きなアイテムをいくつか選択し、可能であればアイテムの内容をよく理解していそうな参加者（プロダクトオーナーもしくはプロダクトオーナー役）を 1 人特定する。後で紹介するパワフルクエスチョンをカードに印刷し、必要に応じて質問を追加する

2. 最初のアイテムについて、それを最も知っているメンバー（クライアント役）に数分間で簡潔に説明してもらう。次の数分間で、チーム（コンサルタント役）は確認の質問をする。次に、クライアント役はこの後に影響を与えないようにチームに背を向ける。チームは、そのアイテムをどのようにスライスできるかを次に示すパワフルクエスチョンをヒントにしながら 15 分間話し合う。クライアント役は、メモは取っても構わないが議論には参加しない

---

*4　（訳者注）原著は Development Team になっているが、この実験は開発者が主体となって開催し、プロダクトオーナーも含むスクラムチームで実施することを著者に確認した。日本語版ではそれを踏まえた訳し方をしている。

3. クライアント役はチームに戻り、話を聞いている間に気づいたことを数分間で共有する。そして、どの戦略が最も実現可能だと思うかグループ全体で 10 分でアイデアをまとめる

4. この実験から得られる価値がまだあると感じている間は、何度でも繰り返す。1 つのアイテムについて、前の手順で得たアイデアをもとに複数回繰り返してもよい

パワフルクエスチョンをいくつか紹介する。

- このアイテムを 1 日だけで実装しなければならないとしたら、何に重点をおき、何を後回しにしますか？
- このアイテムを実装する、最小かつ最もシンプルな方法は何ですか？
- このアイテムに書かれている機能を使用する際、ユーザーはどの手順で実行しますか？ すぐ実装できる手順はどれで、あとで実装できるものはどれですか？
- このアイテムの重要なビジネスルールの中で、不可欠ではなく影響が少ないものはどれですか？ 差し当たり諦める、あるいは工夫を凝らして回避できるものはどれですか？
- このアイテムの「ハッピーパスでないもの」はどれですか？ つまり、ユーザーがこの機能を使う際に想定していない方法や、最も一般的ではない方法はどれですか？
- このアイテムの受入基準のうち、あとから実装しても大丈夫なものはどれですか？
- どのユーザーグループがこのアイテムを使いますか？ どのグループが最も重要ですか？ そのグループに集中するとしたら、何を諦められますか？
- このアイテムはどのデバイスまたは表示形式をサポートする必要がありますか？ あまり利用されていないものや、重要ではないものはありますか？
- ユーザーはこのアイテムに対して、CRUD（create、read、update、delete）のどれを行いますか？ あまり影響を与えることなく、あとから実装できるのはどれですか？

私たちの発見

- 多くの開発者は自分の技術を愛し、自分の仕事を大切にしている。彼らは不完全と思うものを届けたくない。これはよい考え方だ。もし開発者がプロダクトバックログアイテムをスライスすることで不完全なものや低品質なものができてしまうのではないかという懸念を表明し始めたら、スライスの目的は不完全なものを届けることではなく、それ自体で完全で高品質な、大きなアイテムの可能な限り小さく実装する単位を見つけることであると強調しよう
- Jira や TFS[*5]のようなツールを使ったプロダクトバックログを更新する作業は、このワークショップ外の時間で行う。人が何かを書いているのを待っていると、それがグループのエネルギーを大きく奪ってしまう
- この実験のゴールは、プロダクトバックログのすべてのアイテムを同じサイズにすることではない。各アイテムを可能な範囲で分割することに集中しよう

次はどうしたらいいんだ？

　この章では、チームや組織が（より）速く出荷できるようにするための実験を見てきた。実験の難易度はそれぞれ異なるが、いずれも顕著な改善が見られるはずだ。回復の兆しは、ステークホルダーの満足度の向上、品質の向上、ストレスレベルの低下として現れる。それでもまだ行き詰まっているなら、先に他の課題を解決する実験をこの後に用意してある。希望を捨てないでほしい。回復への道のりは長いだろうが、歩む価値のある道なのだから。

---

*5　（訳者注）TFS: Team Foundation Server は、Azure DevOps Server に名称を変えている。

「新人くん、もっと実験を探しているのか？ **zombiescrum.org** にはたくさんの武器がある。上手くいった他の実験があれば提案してくれ。我々のコレクションを増やす手助けをしてほしい」

第4部

継続的に改善する

第9章
症状と原因

ゾンビがいればすべてが上手くいく……そんなワケない！

——Lily Herne "Deadlands"

この章では

- 継続的改善とは何かを学ぼう
- 改善が難しい、よくある症状と原因を見ていこう
- 健全なスクラムチームがどのように継続的改善を取り入れているかを知ろう

現場の経験談

　開発チームはスプリントレトロスペクティブに集まっていますが、気乗りしていない様子です。時間がかかることが不満なのです。「意味あるのかな？」1人の開発者が周りの気持ちを代弁するように言いました。しかし、このスクラムというものを試すことに同意した以上は、チームはベストを尽くそうと決意していました。

　扉が開き、スクラムマスターのジェシカが飛び込んで来ました。「すみません！　他のチームのスプリントレトロスペクティブに思った以上に時間がかかってしまいました」。でも、彼女は準備に時間がかかりません。もう何度もやってきたことだからです。ホワイトボードに2つの列を描き、左の列

に「上手くいっていること」、右の列に「改善すること」と書き込みました。これは彼女がネットで見つけたフォーマットで、3ヶ月前にアジャイルトランスフォーメーションが始まって以来、彼女が見ている 6 チームで同じものを使っています。準備を終え、開発チームに思いついたことを付箋に書いて、関連する列に貼るように、彼女はお願いしました。

数分後、改善の列が溢れ返っている一方で、上手くいっている列にはカフェテリアのハンバーガーがおいしくなったという付箋しかありません。正直なところ、過去 7 回のスプリントでも同じ傾向でした。改善点のほとんどは、彼らでは何もできないことを解決しようとするものでした。チームのテスターのピートは、過去 3 回のスプリントで燃え尽きてしまい、家にこもっていました。人事部はチームからの要望にもかかわらず新しいテスターを見つけるのを断りました。ピートが戻ってきて、バックログアイテムのテストを実施できるようになるまでスクラムを続けるべきだと、人事部は考えているのです。もう 1 つ改善しなければいけないことがあります。プロダクトオーナーがスプリントにアイテムを押し込んだり、チームがすでに取り組んでいるアイテムを削除してしまうのです。プロダクトオーナーはスプリントレトロスペクティブにこれまで一度も参加したことはありませんが、チームはプロダクトオーナーには選択の余地がないことを知っています。アジャイルトランスフォーメーションが始まったときに、経営陣は要求アナリストをプロダクトオーナーに任命することに決めました。要求アナリストは、開発チームのためにステークホルダーのニーズを要件に変換する能力が高い人材だと、経営陣が考えたからです。ただし、要求アナリストから転身したプロダクトオーナーに意思決定の権限を与えませんでした。そのため、ステークホルダーから急な要求があった場合に、「プロダクトオーナー」は、それをスプリントバックログに追加する以外の選択肢がないと感じていました。

開発チームはスプリントレトロスペクティブをほとんど意味がないと考えています。彼らが挙げている改善点は、どれもこれまでに何度も挙げられてきたものばかりです。「プロダクトオーナーに権限を与える」「新しいテスターを入れる」が彼らのお気に入りです。ジェシカがどうすればよいのかと

尋ねると、これらの問題は経営陣や人事部が解決すべき問題とチームは答え
ます。しかし、何も変わりません。その結果、チームメンバーはスクラムを
使って仕事をすることに興味を失いつつあります。

　悲しいことに、多くのスクラムチームは具体的な改善案を出すのに苦労してい
る。表面的なものや、漠然としているもの、自分たちでは全くコントロールでき
ない改善案しか出せないのだ。彼らはレトロスペクティブの間、自己管理やクロ
スファンクショナルとはほど遠い信念や態度を示す（第 11 章参照）。例えば、
チームメンバーは、長年かけて磨いてきたスキルに固執する。彼らは新しいこと
に挑戦する気がない、またはできない、そして他のメンバーと知識を共有するこ
とに抵抗を感じるのだ。

　この章では、ゾンビスクラムがスクラムチームの継続的改善をどのように妨げ
ているのか、その症状と潜在的な原因を認識することも含めて見ていく。

実際にどのくらい悪いのか？

私たちは survey.zombiescrum.org のゾンビスクラム診断を使って、ゾンビスク
ラムの蔓延と流行を継続的に監視している。これを書いている時点で協力してく
れたスクラムチームの結果は以下のとおりだ。

- 70％：チームは、改善点を見つけるために指標を全く、あるいはほとんど
  使っていない
- 64％：チームは、新しいことを学んだり、彼らの専門分野について議論す
  るために、チーム外の人と積極的に関わることがない
- 60％：チームは、達成した大小の成功を全く、あるいはほとんど祝福し
  ない
- 46％：チームは、新しいことを学んだり、専門書を読んだり、ミートアッ
  プやカンファレンスに参加したりすることを全く、あるいはほとんど奨励
  していない
- 44％：スプリントレトロスペクティブは次のスプリントの改善に繋がら
  ない
- 37％：チームは、新しいことに挑戦するリスクが取りづらいと感じている

なぜ、わざわざ継続的に改善する必要があるのか？

スクラムフレームワークが最初から完璧に機能する状態でスタートするチームはほとんどない。楽器の演奏を学ぶように、スクラムも時間をかけて練習し、改善していく必要がある。これまでの章で見てきたように、スクラムは、チームがプロダクトを作り、ステークホルダーと仕事をしてきた今までの方法とは根本的に異なる。スクラムチームは通常、高い顧客満足という目標を達成するために、多種多様な領域で改善し、多くの障壁を克服する必要がある。これらの壁を乗り越えるためには、チーム自身が自分たちなりの解決策を見つけることが必要だ。すべてのチーム、課題、状況は異なるため、他の場所から「ベストプラクティス」を単純にコピーしてきて、それが機能することを期待するだけでは不十分だ。むしろ、チームはさまざまなアプローチを試し、自分たちに最適な方法を見つける必要がある。

スクラムフレームワークに取り組むチームは、比較的パフォーマンスが低い状態からスタートすることが多いことに私たちは気がついた。しかし、フィードバックを使い、継続的に学んで改善していけば、次第により高いレベルのパフォーマンスを達成することができるようになる。スクラムガイドでは、スプリントバックログには、前回のスプリントレトロスペクティブで特定した優先順位の高い改善案を、少なくとも 1 つ含めるべきだと明言している[2]。チームがスプリントごとに、少なくとも 1 つの障壁の全部または一部でも取り除くことに集中すれば、小さな段階的な改善が蓄積され、時間の経過とともに大きな変化をもたらすのだ。

継続的改善とは何か？

継続的改善は、個々のチームだけでなく組織全体に適用される学習の一形態である。組織論者のクリス・アージリス（Chris Argyris）は、著書 "On Organizational Learning"[12] の中で、組織学習をエラー検出の一種と定義している。集団が求めていた成果を（新たな）エラーを起こさず達成したときに、学習は起こる。また、ミスマッチが検出され、それを修正するための解決策が生み

出されたときにも起こる。例えば、スクラムチームが、脇にそれた議論をしてしまいデイリースクラムのタイムボックスを頻繁に超えることがわかり、会話の内容をスプリントゴールに関連するものに限定することを決める、というような場合だ。つまり、学習には、エラーを発見することと、その解決策を実行することの両方が必要なのだ。

スクラムフレームワークは、本質的に 2 種類のエラーを検出するためのメカニズムである。1 つ目のエラーは、バグからニーズに対する誤った仮定まで、スクラムチームが開発中のプロダクトに発見したエラーのことだ。2 つ目のエラーは、1 つ目のエラーを早期に検出するために必要だったであろうことと、実際に行われたこととのギャップのことだ。これらはチームが（さらに）経験的に作業する際の阻害要因となる。アージリスは、この 2 種類のエラーに注目することで、チームや組織は補完し合う 2 つの方法で学習できるとしている。2 つの方法とは、1 つ目のエラーに対するシングルループ学習、そして、2 つ目のエラーに対するダブルループ学習である。

図 9.1 に示すように、シングルループ学習は、信念、構造、役割、手順、規範などによって定められた既存のシステム内で、問題の解決に焦点を当てる。ダブルループ学習は、システムそのものを相手にする。例えば、スクラムチームは、シングルループ学習を使い、将来の予測のために、プロダクトバックログのさまざまな見積もり手法を検討することができる。また、ダブルループ学習を使い、予測の目的そのものに取り組み、予測の必要性を満たす別の方法を探すこともできる。また、開発者は、シングルループ学習を使い、壊れたユニットテストをもっと速く修正しようとする。一方で、ダブルループ学習を使い、そもそもユニットテストがなぜ壊れやすいのかを疑問視することもできる。あるいは、プロダクトオーナーは、シングルループ学習を使い、プロダクトバックログの要件をよく把握しようとする。一方で、ダブルループ学習を使い、そもそも経験的なプロセスで詳細な要件がなぜ必要なのか疑問に思うこともできる。シングルループ学習が現在のシステムの中で可能なことを改善するものであるのに対して、ダブルループ学習は、システムに挑戦し、変化させるものである。ダブルループ学習は、人が（時には心に深く根差した）仮定や信念を変えるのに役立つ。

継続的改善を実現するためにはどちらのタイプの学習も重要ではあるが、非定型で複雑な仕事の場合、ダブルループ学習が特に重要であるとアージリスは強調

している。非定型で複雑な仕事は、やり方だけではなく、その理由についても
チームは常に挑戦すべきなのだ。組織が計画ベースのアプローチから経験ベース
の仕事の進め方に移行するためには、多くの変化を経験しなければならない。つ
まり、リスク、コントロール、マネジメント、プロフェッショナリズムに関する
基本的な信念を変えるために、組織は高度なダブルループ学習を採用する必要性
がある。自分たちの行く手を阻むルール、規範、信念を変えられない組織は、競
争力を維持するのに苦労するだろう。残念ながら、アージリスは、特に高度なト
レーニングを受けたプロフェッショナルは、ダブルループ学習の実践に苦労する
ことが多いとも指摘している。なぜなら、過去に彼らを成功に導いたプラクティ
スやスキルに挑戦することになるからだ。

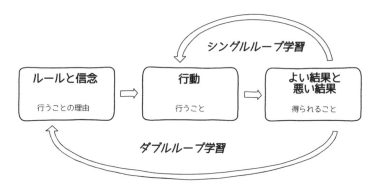

図 9.1: シングルループ学習とダブルループ学習[12]

　幸いなことに、目的を持ってスクラムフレームワークを使うことが、作業の進
め方の透明性を高め、検査と適応の機会を設けることになり、チームは両方のタ
イプの学習を活用することができる。すべてのスクラムイベントは検査と適応に
よってチームの学習を助けるが、スプリントレトロスペクティブは仕事の進め方
を最も直接的にふりかえるイベントだ。新しいプラクティスやテクニックを見つ
けること（シングルループ）だけに焦点を当て、隠れた信念やルールに挑戦する
こと（ダブルループ）を伴わない場合、このふりかえりのメリットは限られてし
まう。ゾンビスクラムの影響を受けたチームは、シングルループ学習に限定され
る傾向があり、ダブルループ学習の恩恵を受けられない。なぜなら、経営、プロ

ダクト、人の管理方法、リスクのコントロール方法に関して既存の信念に挑戦しないままだからだ。

継続的改善かアジャイルトランスフォーメーションか？

　多くの組織が、コスト削減や、反応性の向上、ステークホルダーへの対応に焦点を当てた「アジャイルトランスフォーメーション」でスクラムへの旅を始める。経営陣は、外部のコンサルタントやコーチを招き、チームをトレーニングに送り、それに応じて役割や構造を変更する。「トランスフォーメーション」という言葉は、芋虫から羽化する蝶のように、全員に実施される組織変革プログラムによって比較的短期間で、ある状態（例：ウォーターフォール型開発）から別の状態（例：アジャイルや他の価値駆動型アプローチ）へと移行できることを示唆している。

　このようなトランスフォーメーションでは、チームの対応力が高まることはほとんどない。質の高い調査を見つけるのは難しいが、私たちのゾンビスクラム診断によると、70％以上のスクラムチームがステークホルダーとあまりコラボレーションしておらず、60％は動くソフトウェアを頻繁に届けていないことがわかっている。これらのチームがアジャイルトランスフォーメーションを行っている（または、行っていた）かどうかは、データからはわからないが、反応性が大きく変化したことを示す結果ではない。これはアジャイルトランスフォーメーションが行われた組織を訪問してきた私たちの観察結果と一致する。たいていは、反応性やステークホルダーとのコラボレーションに関して、実際にはほとんど変化がない。そして、意味のある結果が得られなければ、組織はすぐに次の有望なトレンドへ移行し、また同じことを繰り返してしまうだけだ。

　変化がとても難しい理由を理解するのに役立つモデルが、クルト・レヴィン（Kurt Lewin）のフォースフィールドモデル[13]である（図 9.2 参照）。集団力学とアクションリサーチの先駆者の 1 人であるレヴィンは、社会システム（例として組織）は、ある問題に対して変化を推進する力と抑制する力との平衡状態にあると主張した。力とは、人々が持っている信念、仕事の進め方に関する社会的規範、環境で起こっていること、あるいは人々やグループが取る行動などのことである。中身はともかく、変化はそれを推進する力が抑制する力を上回ったときに

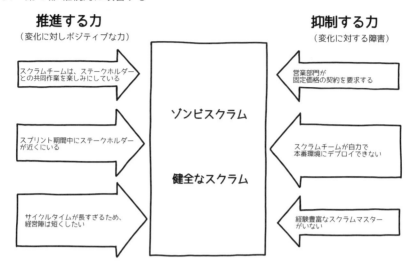

図 9.2: 変化を推進する力が、変化を抑制する力に対抗するほど強くないため、現状を変えるのは難しいことが多い[13]

起こる。このバランスは、時間の経過とともに力が強くなったり弱くなったり、あるいは完全に方向を変えたりすることで変動する。

　このモデルから、組織変革に関する 3 つの重要な真実がわかる。1 つ目は、どのような変化であっても、それに反対する力が強くなると、単純に以前の状態に戻ってしまうため、変化は決して完了（または「実行済」）にはならないこと。2 つ目は、無数の目に見える力と見えない力が押し合っているため、現状を変えることは非常に難しいこと。3 つ目は、仕事の進め方の根底にある信念や仮定が、組織において最も強い制約となる力の 1 つであること。

　フォースフィールドモデルは、こうした信念に挑戦するためのダブルループ学習がいかに重要であるかを示してくれる。スクラムマスターが、「自分は本質的にプロジェクトマネージャーであり、成果に対する明確な責任を負っている」と考えている場合、開発チームの自己管理する能力や継続的に改善する能力を奪うような行動を取り続けるだろう。また、失敗は何が何でも避けるべきものと考えている場合、スクラムチームはペナルティを恐れずに失敗から学べる環境を作ることができなくなってしまう。

　スクラムフレームワークは、チームの対応力を高めるだけでなく、学習して時間をかけて改善していくプロセスを提供している。ある変化は、チームや組織が作業をするための新しいテクニックやプラクティスを発見するシングルループ学習を伴う。また、ある変化は、作業の目的とその管理ルール自体を問うダブルループ学習を伴う。深い学習は、アジリティの向上を促進する力が、それを抑制する力に打ち勝つことを可能にし、変化を持続させる状態を作り出す。

なぜ、継続的に改善しないのか？

　継続的改善がそれほど重要なら、なぜゾンビスクラムでは継続的改善を行わないのだろうか。このあと、よく観察されることや、その根本原因を見ていこう。原因がわかれば、適切な介入や実験を選択しやすくなるはずだ。また、ゾンビスクラムに苦しんでいるチームや組織の気持ちがわかり、誰もが最善を尽くしているつもりだが、発症してしまうことが多い理由を理解するのに役立つ。

ゾンビスクラムでは、失敗に価値を置かない

　複雑な仕事をしているのであれば失敗は避けられない。第 4 章で見てきたように、複雑な仕事は本質的に不確実で予測不可能だ。仕事をしている人の記憶は当てにならないし、誤った決定をする。すべての事実に手が届かないし、できたとしても間違った結論を出すことが多い。バグが入ったり、あとから考えると明らかに間違った仮定が見つかったり、重要な情報が忘れられたりする。ありがたいことに、スクラムはこのような失敗を早期に発見し、防ぐ方法を学ぶためのフレームワークだ。新しいことに挑戦し、それが計画どおりに進まなかったとき、何が上手くいかなかったのかを学び、学んだことを応用し、再び挑戦すること。簡単に言えばこれが継続的改善なのだ。

　ゾンビスクラムに苦しむ組織は、何としてでも失敗を避けようとする。または、失敗から学べることをわかっていない。例えば、リスクが大き過ぎて、スクラムチームが自力でインクリメントをデプロイできない。あるいは、リリースが難し過ぎると感じて、スプリントごとにリリースできない。また、新しい技術が斬新すぎて避けられる。スクラムフレームワークは速く失敗するための方法だと

話すと、人々は目を丸くして不思議そうに答える。「そもそも、なぜ失敗したいのですか？ それよりも『速く成功する』と言いましょうよ」そして、「『実験』や『実用最小限の製品』という言葉は、人を不安にさせるのでやめましょう」と返ってくる。彼らは失敗を学ぶ機会だと捉えるのではなく、避けるべきものだと捉えているのだ。

探すべきサイン

- 「実験」という言葉には、成果が不確実で失敗するかもしれないという印象があるため、経営陣は、実験を「イニシアティブ」と呼びたがる
- プロダクトオーナーは、開発チームに 100% バグがないと保証できるまでプロダクトをリリースしないように指示している
- スプリントプランニングで、簡単だがあまり価値のないプロダクトバックログアイテムだけが選択されている。もっと価値がある大変なアイテムは無視されている
- スプリントの成果は、大規模で、めったに行われないリリースにまとめられる。あるいは、チームが「完成」したインクリメントを出荷するが、実際には本番環境へのデプロイ前に他の人たちが多くの作業をする必要がある

　ビッグバンリリースをして重大な問題が発生した場合、評判に回復不可能な傷がつくことがある。例えば、HealthCare.gov [14] の最初のローンチの失敗や、長く待ち望まれていたゲーム "No Man's Sky"[15] のリリース後に起こったネガティブレビューの嵐などがある。評判を落とすこのような大規模な失敗には、よく起こるパターンが潜んでいる。すべてのリスクが開発の終盤、つまりプロダクトが最終的にリリースされるときまで持ち越されているのだ。誰もが最善の努力をしていたとしても、致命的なバグやパフォーマンスの低下などの失敗があれば、甚大な爆発半径（影響範囲）になる。失敗は、ブランド崩壊や回復不可能な傷に繋がることがある。これを防ぐ脊髄反射的な対応は、潜在的なリスクを特定するために、事前に綿密な計画や分析をもっと実施することだ。残念ながら、こ

のアプローチは誤った安心感をもたらす。複雑な仕事の性質上、ほとんどのリスクは実際に取り組むまで全くわからないのだ。

　第 4 章で見てきたように、スクラムフレームワークは、影響範囲を 1 回のスプリント（またはそれ以下）に収めることでリスクを減らす優れた戦略を提供する。スクラムは、失敗は当然起こるものだが、それを避けるのではなく、早期に発見し速く修正する。そしてその影響を減らすプロセスを提供することで、チームのダメージを軽減する。さらに重要なことに、スクラムは動くプロダクトインクリメントを届け、結果を計測することで、チームのプロセス、コラボレーション、技術の改善ができる。このようなアプローチをとることで、作ったものが正しいソリューションではないことや期待どおりに動かないことが、わかるだろう。しかし、チームがプロダクトを届け、結果を計測するまでに長い時間をかけていたときよりも、失敗は小さく修正は容易だ。小さな修正を重ねることで、失敗の影響や大きな修正をする可能性を減らすことができる。病原体にさらされると免疫力が高まるように、チームは失敗をしてそこから立ち直ることで、回復力が高まる。しかし皮肉なことに、ゾンビスクラムに苦しむ組織は、周囲からすべての病原体を取り除くことに執着し、普通の風邪をひくと生命に関わる病気になってしまうのだ。

改善するために、チームで次の実験を試してみよう（第 10 章参照）。

- スプリントレトロスペクティブでパワフルクエスチョンを使う
- 問題点と解決策を一緒に深く掘り下げる
- ローテクな指標ダッシュボードを作成し成果を追跡する

「誰でも失敗はある。違う文書を削除してしまったり、貼れない付箋を買ってしまったり、ホワイトボードに油性ペンで書いてしまったり。よくあることだ。失敗を非難し合っていたら、お互い背中を預けることなんてできないぞ」

ゾンビスクラムでは、具体的な改善をしていない

　スクラムフレームワークには、潜在的にリリース可能なインクリメントをスプリントごとに届けるという、成功するための明確な基準がある。これを実現するためには、この本で紹介した多くの困難に取り組まなくてはならない。それは一朝一夕にはできないだろう。変化を扱いやすくし、変化に対する意欲を維持する最善の戦略は、少しずつ改善していくことだ。

　しかし、考え出した小さな改善が、「コミュニケーションを改善する」「ステークホルダーとのコラボレーションを強化する」のような曖昧で具体的でない場合、深刻な問題にぶつかるだろう。よいゴールではあるが、何から始めればよいのか、何が成功なのかがわからない。このような改善案を出すチームは、「コミュニケーションがよくなると何が変わるのか」「ステークホルダーとのコラボレーションが増えるとどんな感じになるのか」と自問してみよう。具体的で指標のある改善は、何をしようとしているのかがわかりやすい。一方、曖昧な改善案は、合意は得られやすいが、ゴールを達成できたかどうかの判断が難しい。そして、実際に改善できないし、自信も持てない。

　曖昧な改善案になってしまうその他の例として、私たちが「ハッピークラッピースクラム」と呼んでいるものがある（図 9.3 参照）。そこでは、ネットで見つけられるゲームやファシリテーションのテクニックを駆使して、スクラムチームはスクラムイベントをできるだけ楽しく、明るく、元気にすることにエネルギーを集中する。この現象は、チームが阻害要因に影響を与えられず、善かれと思った改善が表面的なものに留まってしまう場合によく起こる。開放的で魅力的な環境を作ることには素晴らしい価値があるが、チームが実際に結果を検証せず、フィードバックにもとづいてプロダクトや仕事のやり方を適応させないのであれば、役に立たない。そのようなスクラムチームは、スクラムイベントを、検査と適応をするために大きな阻害要因を取り除く機会として利用するのではなく、ゾンビスクラムの荒れた環境の中で、新たなスプリントを生き抜くための活力を生み出すことに注力している。しかし、スプリントレトロスペクティブがどんなに楽しくても、実際のユーザーに与える効果についてフィードバックがなければ、チームの気分はすっきりしない。スプリントプランニングがどれだけ活気に満ち

図 9.3: 確かに楽しさや幸せはスクラムチームの一部だが、ステークホルダーに価値を
届けることよりも重要ではない

ていて速く進んだとしても、仕事の成果が届くまで 1 年も待つことになるなら、
ステークホルダーを幸せにはできない。

探すべきサイン

- スプリントレトロスペクティブで、何も改善されていない
- スプリントレトロスペクティブで出てきたアクションは、どこから
  始めればよいのか、何が成功なのかが明確ではない
- スクラムチームやスクラムマスターは、ゲームやファシリテーショ
  ンのテクニックを駆使して、スクラムイベントをより楽しくする改
  善ばかり行っている

- スクラムチームは、改善点を見つけるためにスプリントレトロスペクティブで指標を検査していない
- チームメンバーは、アクションを実行する責任を他人、ときにはチーム外の人に押しつけている

　スクラムチームが学ぶべき重要なスキルに、何を改善すべきかを具体的にする方法、改善を小さく分割する方法がある。大きなプロダクトバックログアイテムを小さなアイテムに分割して完成しやすくするように、大きな改善を小さく分割すると改善が成功しやすくなる。ゾンビスクラムに苦しむチームは、「プロダクトオーナーはもっと大きな権限を持つべきだ」というような、やる気をなくすような大がかりな改善で身動きが取れなくなったり、どこから始めればよいのかわからない漠然とした改善に途方に暮れる傾向がある。

　改善するために、チームで次の実験を試してみよう（第 10 章参照）。

- 15% ソリューションを生み出す
- 何をやめるかに焦点を当てる
- 改善レシピを作成する

ゾンビスクラムでは、失敗するための安全性を作らない

　チームは不安、疑問、批判が受け入れられないと感じると、改善ができない。ゾンビスクラムに苦しむチームは、疑問や不安が受け入れられない環境で働いている。彼らは不安から守るためにあらゆる種類の防御戦略を展開することが多い。話題を変えたり、反対意見をさりげなく否定したりするような目立たない戦略や、反対する者を追放したり批判したりするようなとても露骨な戦略がある。

　チームは社会システムだ。（チーム内外の）人の過去の行動が、（人の関わり方を規定する）社会的規範を形成する。逆もまた然りだ。疑問や自信のなさを否定されると、批判的であることは「ここでしてはいけないこと」という社会的規範が形成され、強化される。他の人が困っていても全く助けを求めない様子に気づ

くと、誰もアドバイスを求めることなく、自分でどうにかしようとするのも同じことだ。周りに与えるこのようなサインが組織文化を形成する。

探すべきサイン

- 提案されたアクションに対して抱いている懸念、疑問、自信のなさを、他の人によって否定されたり、嘲笑されたりしている
- メンバーは、互いに言いたいことがあるが、「ネガティブ」だと思われることを恐れ、不満をグループに言わない
- チームメンバーは作業に行き詰っても、他の人に助けを求めない。あるいは、何日もかけて何とか 1 人でやり遂げている
- スプリントレトロスペクティブで、重要だが明らかに上手くいっていないことではなく、些細な改善点を取り上げている
- チームが集まっているとき、懸念や疑問が話題に上がることは決してないのに、噂として流れてくる
- チームミーティングでの仕草が防衛的になっている。腕を組み、後ろに寄りかかり、お互いに目を見ていない

　社会科学者のエドガー・シャイン（Edgar Schein）は、組織文化[16] を 3 つの層からなるタマネギのようなものと表現した（図 9.4 参照）。外側の層は、人々が持つ肩書きや仕事場の広さ、座席の配置や会議で誰が最初に発言するかなど、組織内で観察できる人工物や象徴（シンボル）で構成されている。タマネギの核は、人々がお互いや仕事について心に深く根ざしている、多くの場合無意識的な思い込みだ。例えば、「経験豊富な人は自分よりも注目される価値がある」「同僚は自分が困ったときに助けてくれる」などだ。外側の層（観察可能な要素）と核（背後に潜む基本的仮定）の間には、標榜された信念と価値観がある。行動指針やワーキングアグリーメントによく記載されているようなものだ。

　組織に問題が発生するのは、各層が整合していないときだ。この不整合は失敗や自信のなさをどのように対処するのかということに特に現れる。疑がわしいことや自信のないことを表明する価値観を持っている組織やチームは少ない。たとえ、「懸念があったら声をあげよう」というワーキングアグリーメントがある場

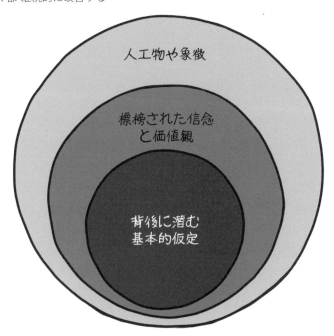

図 9.4: 組織文化は、目に見える人工物や象徴から、心に深く根差した信念や背後に潜む基本的仮定までの層をなすタマネギとして捉えることができる[16]

合でもだ。標榜された価値観（中間層）が実際に起こったこと（外層）と一致しない場合、人々の信念（核）は次第にそれに応じて変化する。

　チームのワーキングアグリーメントに「必要なときには助けを求めよう」と書かれていても、助けを求めたときに誰も助けてくれなかったら、やがて誰も助けを求めなくなるだろう。また、標榜された価値観に「知らないことを認めよう」と掲げていても、リーダー自身が知らないことを認めなければ、人々はやがて無知を隠すようになるだろう。すべてのチームがそうであるように、人は社会的なグループに属したいと思うあまり、グループに合わせるために自己検閲を始める。その結果として生じる偽りの調和は、上手くいっていないことを探したり、挑戦したりすることをやめてしまうので、継続的改善の妨げになる。

　組織文化は、踏み固められた轍のようなものだ。失敗をすること、自信のなさを示すこと、弱みを見せることについて、心に深く根差した信念は、自分自身と

他人の両者による環境において、行動や人工物により時間をかけて強化されていく。轍が深くなれば深くなるほど、進路を変えることが難しくなる。そして、ゾンビスクラムに苦しむチームは、轍が特に深くなっている。そのため、人々が安全に学べる環境を作ることが非常に難しいのだ。

> 改善するために、チームで次の実験を試してみよう（第 10 章参照）。
>
> - 阻害要因ニュースレターを組織内で共有する
> - 何をやめるかに焦点を当てる

ゾンビスクラムでは、成功を祝わない

　ときどき、チームは改善できそうなところに注目するあまり、すでにできているポジティブなことをすべて無視してしまうことがある。この章の冒頭で紹介したデータからもわかるように、大小の成功があっても、それを祝うチームは少ない。成功への貢献が全然認められないと、どれほどやる気がなくなるだろうか。

> **探すべきサイン**
>
> - 上手くいっても／上手くできても、お互いを褒めていない
> - 上手くいっても、すぐに新しいことの改善に飛びついている
> - スプリントが上手くいっても、ステークホルダーからポジティブなコメントがない

　「お祝い」という言葉に引っかかる人がいる。形だけの褒め言葉や意味もなくはしゃぐのを心配しているのだ。また、解決に向けた小さな一歩を祝う前に、問題全体を解決する必要があると思っている人もいる。チームの前進を喜ぶ前にすべての問題を完全に解決しなければならないのであれば、ハードルが高すぎる。お祝いは、目標に向かって前進したことをシンプルに認めるものだ。仕事が終わったことや、すべての問題を解決することを意味するものではない。
　「よい仕事をしてくれてありがとう」とか「改善しようとしてくれてありが

とう」というように、成功を祝うのは簡単なことでよい。また、スプリントレビューにお菓子を持って行ったり、スプリントの終わりに飲みに行ったりしてもよい。ゾンビスクラムに苦しむ多くのチームは、泥しか見えないほどに泥沼にはまっているのだ。

改善するために、チームで次の実験を試してみよう（第 10 章参照）。

- お祝いケーキを焼く
- 成功体験を共有し、それをもとに事を進める

ゾンビスクラムでは、仕事における人間的要素を理解していない

先に見てきたように、心理的安全性を欠いたスクラムチームは、学習と改善が困難なことがわかった。どちらも、新しいことに取り組んだり、失敗について率直に話し合ったりするのに必要だ。組織心理学者のエイミー・エドモンドソン（Amy Edmondson）は、心理的安全性を「対人関係におけるリスクを取ることについて安全であるという、共有された信念」[17] と表現している。彼女の研究によると、心理的安全性は、グループや個人において学習が行われるための重要な要素である。

しかし、ゾンビスクラムに苦しむ組織は、人間的要素にほとんど時間をかけない。必要性を感じていないか、従業員はプロとして行動するものだと単純に思い込んでいるかのどちらかだ。そのため、仕事上の合意に時間を費やす、精神的な緊張について話し合う、お互いを知る、チームビルディングをするなどは「本当の仕事」とは見なさないというシグナルを暗黙的にも明示的にも発している。チームは大切な社会的ニーズを持つ社会システムであることを理解できていないのだ。

探すべきサイン

- スクラムチームの構成は、心理的安全性と信頼関係を再構築する時

間を設けることなく、チーム外の人によって頻繁に変更されている

- チームの構成は、すべてスキルと経験にもとづいており、個人的な好みや経歴の多様性、行動スタイルなどは考慮されていない
- チームには、意思決定の方法、対人関係の対立を回避する方法、仕事の調整の方法を学ぶ時間や支援がない

人間的要素が仕事に与える多大な影響について、社会心理学者、認知心理学者、組織心理学者が何十年にもわたって行ってきた研究を要約することは不可能だが、私たちは次のことを学んだ。

- 人は、団結力のある集団の一員であることを優先して、批判や疑問を自己検閲し、非倫理的あるいは無責任な決定をすることがある（集団浅慮）[18]
- 人は、たとえそれが事実ではないことが明らかであっても、成功は自分の行いのおかげ、失敗は環境のせいだと考える（根本的な帰属の誤り）[19]
- 異なる複雑なタスクを同時に行わせると、各タスクのパフォーマンスに悪影響を及ぼす[20]
- 人は、決定が明らかに間違っているとわかっていても、集団で決めたことに短絡的に従う（同調圧力）[21]
- 人は、自分の信念と一致しない明白な事実を拒絶する（認知的不協和）[22]
- 集団の違いが名前程度しかない場合、集団はお互いに張り合い、お互いに否定的な判断をし始める（最小条件集団）[23]
- 確率の理解が不十分、最近の事例からの結論付け、見積もりが楽観的過ぎる傾向など、無数のバイアスによって、合理的な決定を下す能力が著しく制限されている[24]
- 潜在的であろうが顕在的であろうが、対立は集団の機能に深刻な悪影響を及ぼす[25]

これらは、集団における私たちの考え方や仕事に影響を与える、よく研究され繰り返し確認されているものばかりである。人やチームを増やしても全く役に立たないことが多い理由を理解できるだろう。また、チーム構成の変更は、社会的に大きな影響を及ぼすことの理解にも役立つだろう。ここで重要なのは、チーム

が社会システムであることを理解しなければ、チームは継続的に改善できないということだ。「最高の人材」をチームに入れ、彼ら個人の専門的スキルによって奇跡が起きることを期待するだけでは不十分なのだ。

改善するために、チームで次の実験を試してみよう（第 10 章参照）。

- 成功体験を共有し、それをもとに事を進める
- 阻害要因ニュースレターを組織内で共有する
- 公式・非公式のネットワークを利用して変革を促す

ゾンビスクラムでは、仕事のやり方を批評しない

ゾンビスクラムに苦しむ組織では、組織の仕事の進め方を批評したり変えたりするために、スクラムフレームワークを活用しない。このことは、組織のスクラムマスターに対する期待と、スクラムマスター自身が自分の役割の何が重要であるかの理解から始まっていることが多い。

多くのスクラムマスターが、自分の役割を 1 つ以上のスクラムチームにおけるスクラムイベントのファシリテーション役であるという限定した理解をしている。これは、価値はあるが非常に狭い定義である。スクラムマスターの目的はもっと広く、ステークホルダーに価値ある成果を届けるチームの能力の透明性と、それを妨げる要因に対する透明性を作り出すことだ。これを実現する方法として、スクラムマスターはチームがどのように作業をしているのかを評価するためのデータを集め、チームを支援する。ステークホルダーが必要としているものを構築し速く出荷するということに関して、スクラムマスターは最も嫌がるところに光を当て、ダブルループ学習を促進するのだ。

探すべきサイン

- スクラムマスターは、スクラムイベントのファシリテートにほとんどの時間を費やしている

- スクラムチームは、作業が実際にステークホルダーや組織にどれだけの価値を生み出したかではなく、どれだけ作業を完了したか（ベロシティや完了したアイテムの数など）にもとづいて計測され、比較されている
- 他のスクラムチームやステークホルダーと一緒に、追跡する成果重視の指標をきちんと理解し、どのような改善案がよいかを検討することに時間をかけていない
- スクラムチームは、改善点を見つけるためにステークホルダーの幸福度やサイクルタイムなど、プロダクトやプロセスのデータを分析していない

　批評を始める1つの方法は、関連する指標を追跡することだ。困ったことに、ゾンビスクラムチームは改善の計測を全くしていない。もし計測していたとしても、経験主義を助けない、あるいは妨げる部分に焦点を当ててしまう。例えば、スクラムチームが届けた価値を計測するのではなく、ベロシティや完了したアイテムの数など、スプリントごとの作業量を計測しているような場合だ。組織は、プロダクトに関わる人やチームの数、費やした時間を追跡し、人数や時間の削減を改善の指標とすることもある。このアプローチの背景にある理由については、第5章で掘り下げている。

　このような指標の問題は、アウトプット、つまり一定時間内に行われた作業にのみ関心があり、アウトカム、つまりその作業がステークホルダーや組織にとって実際にどれだけ価値があるかには関心がないということだ。アウトプットは追跡しやすいかもしれないが、組織が届ける価値にはほとんど関係がない。時間の経過とともにベロシティが大幅に改善されたとしても、プロダクトがステークホルダーにとって十分な価値を提供していないのであれば、破綻してしまう可能性は十分にある。また、十数チームでプロダクトを開発しているにもかかわらず、実質的にバグ修正だけだったり、技術的負債で身動きが取れないなどで、品質の低いプロダクトを届けてしまうこともある。アウトカムは赤点でアウトプットが満点というのは達成できるが、その逆は達成できない。

　幸いなことに、スクラムフレームワークには、改善点を発見して実行するプロ

セスがあるだけではなく、重点的に見る以下の指標がある。

- **反応性（Responsiveness）**：サイクルタイムや WIP 制限数で表される、ステークホルダーの重要なニーズを発見してから満たすまでにかかる時間は、次第に短くなる（または短い時間を維持する）
- **品質（Quality）**：欠陥の数、コードの品質、顧客満足度、その他の品質指標で表される作業の品質は、次第に向上する（または高いままを維持する）
- **改善（Improving）**：チームの士気、イノベーション率[1]、依存度の低さ、その他の指標で表される、仕事の進め方と経験は、次第に改善する
- **価値（Value）**：収益、投資利益率、その他のビジネス指標で表される、価値の量は増加する（または高いままを維持する）

　スクラムフレームワークを活用して組織全体に変化をもたらすには、スクラムチームとスクラムマスターが成果重視の指標に対する透明性を作り出すことが重要だ。ステークホルダーと一緒に定期的に検査することで、嫌なところ、改善すべきこと、改善によって起こることを見極められる。これこそが経験主義なのだ。

改善するために、チームで次の実験を試してみよう（第 10 章参照）。

- 何をやめるかに焦点を当てる
- 阻害要因ニュースレターを組織内で共有する
- ローテクな指標ダッシュボードを作成し成果を追跡する

ゾンビスクラムでは、仕事と学習は別と考える

　ゾンビスクラムに苦しんでいる組織では、仕事は価値を生み出すが、学習は「本当の」仕事にもっと使えたはずの時間とお金を浪費するだけで、仕事とは別

---

[1]　（訳者注）著者に確認したところ、技術調査などイノベーションに関することに費やす時間の割合。他の測り方をしても、もちろんよいとのこと。

物であると暗黙的に教えられている。例えば、経営陣が研修は夜か週末に参加することを期待するなどだ。これは、仕事から報酬を得るのであって学習は本当の仕事ではない、学習は自分の時間に行うべきだという暗黙のメッセージだ。

探すべきサイン

- 社外のミートアップや研修に参加したり、専門書やブログを読んだりしない。それを推奨されることもない
- スクラムチームは、自分たちの専門分野の動向を把握していない。例えば、開発者は継続的デリバリー、仮想化、マイクロサービスについて知らないし、スクラムマスターはカンバンやリベレイティングストラクチャーの存在を知らない
- プロダクトオーナーは、効果を実際に検討もせずに、機能追加を優先して、イノベーションに焦点を当てたアイテムをプロダクトバックログの下の方に押しやっている
- スクラムチームは、スプリントレトロスペクティブをできるだけ短くしている
- 経営陣は、どのような価値を生み出すかについての詳細なビジネスケース[*2]を要求することで、外に出て他の人から学ぶことに水を差している

　ここで重要なのは、学習時間を増やすことではなく、学習と仕事の間の不自然な隔たりを取り除くことだ。学校でスキルを学び、その後は学習しないという時代は終わっている。特にソフトウェア開発においては、新しい技術やプログラミング言語、手法が、かつてない速さで生まれている。すべてが同じように役立つ訳ではないが、継続的デリバリーやコンテナなど、より速く出荷し、品質を向上させることを容易にする新しいパラダイムを提供するものもある。複雑な作業の不確実性とそれがチームにもたらす課題によって、チームはその複雑さを上手く乗り越えるために継続的に学習する必要に迫られる。しかし、ゾンビスクラムに

---

*2　（訳者注）プロジェクトまたはタスクを開始する理由の論理的な説明

苦しんでいる組織は、学習と仕事の隔たりを作ってしまう。その結果、チームが新しいことを試してできるようになったことを把握する時間と場があっても、決して恩恵を受けられないのだ。

　新しいアイデアや異なる視点に触れる機会が少ないと、改善するのは難しい。ゾンビスクラムに苦しむ多くのチームでは、まさにこの状況が起きている。仕事が多すぎて学習時間が取れないのだ。自らを「学習する組織」だと評する組織も多いが、真の学習する組織の特徴を実際に示しているところはほとんどない。こういった組織では、研修やミートアップに参加することよりも、「仕事を終わらせること」が常に評価される。あるいは、チームを忙しくし続けることに価値をおき、ナレッジ共有のための場には投資しない。あるいは、仕事中に専門的なブログを読んでいると冷たい目で見られる。明らかに学習を重視していないというメッセージを発信しているのだ。

改善するために、チームで次の実験を試してみよう（第 10 章参照）。

- 公式・非公式のネットワークを利用して変革を促す
- 成功体験を共有し、それをもとに事を進める（特に複数チームの場合）

「新人くん、学習と仕事は別だと思っているのか？『20 歳だろうが 80 歳だろうが、学びをやめてしまった人は老いる』とヘンリー・フォードは言っているぞ。スクラムに関して、学習に終わりはない。さあ、靴ひもを結んで、走りに行こう！」

健全なスクラム

体験談：教科書どおりでないスクラム

　ここで、著者の 1 人の体験談を紹介しましょう。

　著者の 1 人がスクラムを始めたとき、彼がしたのは 1 日おきにデイリースクラムを開催することでした。彼とチームにとっては、それがスクラムフレームワークの最も有用な部分に思えたのです。彼が書いた詳細な仕様書をもとに作業をしている状況では、当初、開発チームはスプリントプランニングやスプリントレビューにあまり価値を見出していませんでした。すべての作業がすでにわかっているし、どうせ何ヶ月もプロダクトをリリースすることはないだろうとチームは考えていたのです。

　スプリントに取り組むようになってからは、途中経過を顧客に見せることがいかに有用であるかをチームは学びました。仕様書に書いている多くのアイデアは、書いた時点ではよさそうでも、顧客と開発者で解釈が異なることが多いことも学びました。また、顧客が成果物にさわることで、もっとよいアイデアが生まれることもありました。お互いに恩恵があったのです。実際、普段はビシッとしたスーツを着ている顧客企業の人たちが、短パンとビーチサンダルで、隔週で開発チームが作ったものを見に来てくれていました。

　最初は顧客とベンダーというかしこまった関係でしたが、次第に打ち解け、協力的な関係になっていきました。そして、重要なユーザーが、一緒に参加することも多くなっていきました（そして、飲み会にも）。できあがったプロダクトから、自分たちの作業を楽にするアイデアが言える機会にメリットを感じていたのです。開発者は、完成した作業からすぐに成果を得たいというユーザーの自然なニーズに応えるため、予定された「ローンチ日」より前にプロダクトの一部を利用できるようにし始めました。このような状況が、継続的デリバリーと緊密なコラボレーションへの道を開いたのです。あとから考えると、このチームが経験的に働くことをどんどん学んでいたこ

> とに気づきました。彼らは経験から学び、仕様やコラボレーション、速く出荷する必要性について、既存の信念を変えていったのです。

このケースでは、開発チームは単なるプロダクトのサプライヤーであるという信念をステークホルダーが改めたときに、ダブルループ学習が起きたのだ。また、インクリメントをリリースすることで、よいプロダクトが作れるとチームが学んだときにも、ダブルループ学習が起きたのである。

このケースはあくまで一例だが、私たちが一緒に仕事をした成功したスクラムチームと明確な共通点があった。それは、教科書どおりにスクラムを始めることはほとんどないということだ。顧客やユーザー、ステークホルダーに価値ある成果を届けたいという想いが、彼らの学習を促している。同様に、ステークホルダーは、このアプローチが自分たちにもメリットがあることを学ぶにつれ、より時間を割いて対応するようになる。さらに、管理職は、阻害要因を取り除き、チームが必要と考えた改善をするための権限を与えることで、この2つの学びを積極的に後押しする。作業のやり方（How）と目的（Why）があることで、作業を継続的に検査・適応するプロセスは彼らの成功に寄与するのだ。

自己批判的なチーム

先の話からは、チームの成長はずっと対立もなくスムーズだったように思えるかもしれないが、そうではない。これは私たちが見出した、成功したスクラムチームのもう1つの共通点だ。チームは今後の進め方について、意見が激しく対立していたのだ。デプロイを速くしようと熱心に主張する人もいれば、品質と安定性のためにゆっくりがよいと主張する人もいた。コードを書くことに時間をかけたい人、何を書くべきかを考えることに時間をかけたい人もいた。しかし、好みや戦略に違いはあるが、ステークホルダーに対して品質の高い成果を届けることを重視することに変わりはなかった。

健全なスクラムチームは自己批判的だ。スプリントレトロスペクティブで、高品質でリリース可能なプロダクトをステークホルダーに提供することについて、

ふりかえる。ふりかえりの裏付けのため、サイクルタイムからバグの数まで幅広い客観的なデータを使う。目標を達成するために、創造的な手法も使えるが、パワフルクエスチョンを使った対話のほうがよい場合が多い。スクラムマスターは、価値ある成果を届けることに焦点を当て続け、表面化する避けられない対立をチームが乗り越えるのを助けることで、このふりかえりを支援する。

木を見て、森も見る

　ステークホルダーに価値を届けようとしている中で、健全なスクラムチームは、個々のチームを超えて存在する阻害要因が多いことを痛感している。例えば、共有ツールが継続的デリバリーをサポートしていなかったり、営業部門が今までどおりに固定の期間と金額で仕事を受けていたり、チームがオフィスのレイアウトのせいでコラボレーションが難しいことに気づいたりする。

　健全なスクラムは、木と森の両方を見るための時間を取ることで生まれる。自分たちのチーム（木）を改善する一方で、システム全体（森）がどのように価値を届けられるようになるのかをふりかえり、改善する時間を取るのだ。これは、スクラムマスターや専任のアジャイルトランスフォーメーションチームに任せるのではなく、参加したい人と一緒に行う。結局のところ、ある場所の阻害要因は、組織の別の場所の阻害要因と繋がっていることが多い。実現可能な解決策の創造性を高め、ふりかえりの改善案をよいものにするために、できるだけ多くの考え方を取り入れることが有益だ。役に立ちたいすべての人が参加するワークショップとして、複数チームの形でレトロスペクティブを行うことができる。例えば、著者たちは、経営陣から開発者まで 50 人以上の参加者が丸 1 日かけて、組織内で表面化している経験主義への阻害要因についてふりかえり、解決するワークショップによく参加している。

次はどうしたらいいんだ？

　この章では、継続的改善ができていないと判断できる、一般的な症状について見てきた。また、ゾンビスクラムに苦しむチームと一緒に作業するとよく遭遇する、重要な根本原因についても取り上げた。継続的改善がよいアイデアであるの

は誰もが認めるが、チームがコントロールできないような阻害要因を対処すると
きに問題は始まる。コントロールできないところに注目するのではなく、コント
ロールできるところに注目し、そこから始めるのが有効だ。どんなに小さなこと
でも、自分が責任を持ってコントロールできるところはどこだろうか。そして、
コントロールできないものを取り除くために、誰の力を借りることができるだろ
うか。次の章では、それができるようになるための実験を見ていこう。

第 **10** 章
実験

これは広く認められた真理であるが、人の脳を食したゾンビは、さらに多くの脳を求めずにいられないものである。

——セス・グレアム＝スミス『高慢と偏見とゾンビ』

この章では

- 継続的に改善するための 10 の実験を見ていこう
- ゾンビスクラムを生き抜くために、実験がどのような影響を与えるのかを学ぼう
- それぞれの実験の進め方と、気を付けるべき点を知ろう

　この章では、チームが改善する能力を高めるのに役立つ実験を紹介する。今までと違うやり方でスプリントレトロスペクティブを行うヒントになる実験もあれば、継続的改善を組織レベルで行う実験もある。

深い学習を促すための実験

　ダブルループ学習は、既存のルール、手順、役割、構造に挑戦する深い学習の1つである（第9章参照）。これはほとんどの人にとって簡単ではない。そこで、始めるためのお気に入りの実験を紹介する。

阻害要因ニュースレターを組織内で共有する

　スクラムチームが経験的に働くことを難しくしている要因には、組織のさまざまな人たちが関与していることが多い。阻害要因とそれによって引き起こされる問題について、関与している人たちの理解を助けることで、ダブルループ学習ができるという気づきを与えられる。それが、システムの改善に繋がるのだ。

労力／インパクト比

労力	★★★☆☆	この実験に必要なのは、勇気とわずかな機転だけだ
サバイバルに及ぼす効果	★★★★☆	苦痛を伴うが、最大の問題に緊急性を持たせるのに最適だ

手順

　この実験を試すには、次のように進めよう。

1. スクラムチームを集め、ステークホルダーが必要としているものを作ることや、もっと速く出荷することを阻害する要因を、全員に静かに書き出してもらう。足りていないスキルは何か、妨げになっている手続きはあるか、必要なのに繋がりがない人がいるかなどを考える。数分後、ペアを作って、書いたものを互いに共有し、さらに書き足してもらう。すべての阻害要因を共有したら、ドット投票などを使って、影響の大きい3〜5つを選んでもらう

2. 選んだものについて、「これが原因で何が失われていますか？　これが取り除かれたら、私たちとステークホルダーは何が得られますか？」と質問し、議論した結果を書き留める

3. さらに、「支援が必要なのはどこですか？　どのような支援が必要ですか？」と質問し、支援が必要なことを集める

4. 選んだ阻害要因と、議論した結果や支援が必要なことを集め、簡単に関係者全員に配布できる形式にまとめる。メール、紙のニュースレター、イントラネット内のブログ記事、人通りの多い廊下に貼るポスターでもよいだ

ろう。そして、チームの目的や、連絡方法なども書いておく。もちろん、
チームの成果を載せてもよい

私たちの発見

- 忘れずに（上級）管理職も巻き込み、事前に知らせる必要があるかを考えよう。
  このとき、ニュースレターよりも短く簡潔にしたほうが喜ばれるだろう
- 透明性には痛みが伴う。メッセージは、正直でありながら機転を利かせた
  ものにし、誰かを非難したり、悲観的にならないようにする。何が起こっ
  ているのかを書き、支援が必要なことを明確にしよう
- この実験を頻繁に行うのであれば、チームの成果も必ず載せておこう。何
  が上手くいっているのか、前回のニュースレターから何が変わったのか、
  そして最も重要なことだが、誰から（思いもよらなかった）支援を受けた
  のか、などだ

スプリントレトロスペクティブでパワフルクエスチョンを使う

前章で見てきたように、深く根差した人々の信念、仮定、価値観（図 9.4 参照）
は、変化をどのくらい成功させられるかに影響を与えている。例えば、顧客と話
すのはプロダクトオーナーの責任だと開発チームが思っているのであれば、コラ
ボレーションの機会を自ら制限してしまう。また、プロダクトバックログ全体が
実装された場合にのみ、フィードバックが役立つと思い込んでいる人は、経験主
義を受け入れるのに苦労する。このような仮定の多くは意識下にあり、仮定に挑
戦するためには表面化させる必要がある。この実験は、隠された仮定を明らかに
するパワフルクエスチョンで、チームを支援するために作られた。

労力／インパクト比

労力	★★☆☆☆	質問することは難しくないが、「適切」な質問を し、チームがその質問に率直に答えられる環境を 作るのは難しい
サバイバルに 及ぼす効果	★★★★☆	この実験は、自分たちの信念や組織に深く根差し たものに挑戦する手本だ

手順

　この実験を行うためには、受け入れられるかどうかにかかわらず、発言に耳を傾けよう。スプリントレトロスペクティブはよいタイミングだが、チームが一緒にいるならいつでもよい。「その話の前提には、どのような信念がありますか？」と問いかけよう。その答えを「私は○○と、信じている」の形式で一緒に表現し直そう。表 10.1 に例を示す。

表 10.1: 口にした言葉と、その根底にある信念の例

あなたが聞いた言葉	考えられる根底にある信念
この変更について意見を求めても、文句しか言われない	私は、人は変化に抵抗するものだと、信じている
経営陣だけが、この阻害要因を取り除ける	私は、権限がなければこれを変えられないと、信じている
スプリントごとに新しいインクリメントを届けるなんてできない	私は、このプロダクトは複雑すぎると、信じている
このタスクは重要なので、自分でやる	私は、自分が持つ知識や素養が他の人には欠けていると、信じている
顧客にフィードバックを求める必要はない	私は、顧客が必要としていることをよくわかっていると、信じている
もっとチームを増やす必要がある	私は、人が増えればもっとたくさん仕事をこなせると、信じている

　信念がわかったら、次のようなパワフルクエスチョンを使って、その信念に丁寧に挑戦する。私たちは、リベレイティングストラクチャーコミュニティの人たち（主にフィッシャー・クー（Fisher Qua）とアニャ・エバース（Anja Ebers））が行った「神話の転換（Myth Turning）」[1]からヒントをもらった。

- この信念を手放すためには、あなたにとって何が必要ですか？
- この信念を信じている人は、他にいますか？
- この信念はあなたの何に恩恵をもたらしますか？
- この信念が正しいと確かめるには、何を見ればよいですか？
- 他の人がこの信念に疑問を持ち始めている兆候は、何ですか？

- これをやらないと取り返しのつかないことになるのは、何ですか？
- この信念が間違っていることがわかると、どうなりますか？

　このような質問が、信念を変えるように説得することはできないが、なぜそのような信念を持っているのかを学び、内省する助けになるだろう。そうすることで、信念を変えることが自分にとってよいことだと気づくかもしれない。しかし、その判断はその人次第だ。

私たちの発見

- このような深い質問に慣れていない人は、精神的に圧倒されたり、イライラしたりするかもしれない。チームの内省や学習を助けるためにときどき深い質問をすることについて、チームの許可を得ておこう
- 彼らの信念がどうあるべきか話してはいけない。あえて質問されない限り、あなたの信念を共有してもいけない。みんなにも、パワフルクエスチョンを使ってあなたの信念に挑戦してもらおう。根底にある信念の確認を、チームの取り組みに入れたり、チームで内省するためのものにしよう

問題点と解決策を一緒に深く掘り下げる

　阻害要因を効果的に分析して取り除くことは、深い学習と継続的改善にとって重要だ。チームはさまざまな観点の質問の仕方や書き方を学ぶ必要があり、また、具体的で実行可能な解決策を見出す必要がある。この探求には、リベレイティングストラクチャーの「発見とアクションのための対話（Discovery and Action Dialogue）」[1] がうってつけだ。チームが問題を埋解し、解決策を見つけ出し、取るべき手順を特定できるようにする一連の質問が含まれている。

労力／インパクト比

労力	★★☆☆☆	チームが使える一連の質問を用意したので、手間は掛からない。流れが具体的で、進め方には悩まないだろう
サバイバルに及ぼす効果	★★★★☆	この実験は適切な問題を解決することだけでなく、その問題を効果的に分析するスキルセットを構築するのに役立つ

手順

「発見とアクションのための対話」では、グループが次の一連の質問に答えていく。

1. 問題が起きたことを、どうやって知ることができますか？
2. 問題解決に効果的に貢献するにはどうしますか？
3. そのときに、あなたの行動を妨げるものは何ですか？
4. この問題を幾度となく解決し、壁を乗り越えた人を知っていますか？ 彼らが成功できたのは、どんな行動や習慣のおかげですか？
5. 何かアイデアを思いつきますか？
6. それを実現するためには何が必要ですか？ 助けてくれる人はいますか？
7. 巻き込む必要がある人は、他にいますか？

「発見とアクションのための対話」は、次の手順で行う。

1. 「発見とアクションのための対話」の準備として、（複数）チームの最大の阻害要因を見つける。それには、この本の多くの実験が役に立つ。1 チームで最も重要なトピックを扱うか、複数チームからの参加者でグループを作り、異なるトピックを扱うかを選択する
2. 一連の質問に答えるのに十分な時間（少なくとも 30 分）を取る。状況に応じて、グループは質問の順番を変えたり、新たなインサイトが得られたときに前の質問に戻ったりしても構わない
3. 複数のチームで「発見とアクションのための対話」を実施する場合は、全体に自分たちの発見を共有し、フィードバックを集める時間を設ける。こ

れには、リベレイティングストラクチャーの「シフト＆シェア（Shift ＆ Share)」[1] が最適だ

私たちの発見

- 最初の質問に十分な時間をかけるよう、チームに働きかけよう。「この問題の何がそんなに難しいのですか？」「私たちが考えてもいない深刻な問題はありますか？」「この問題を解決しないとどうなりますか？」などと質問を重ねることで、深く掘り下げていける（図 10.1 参照）
- 解決策を実現するために何が必要かを聞く場合は、この次に紹介する 15％ソリューションの概念を頭に入れておこう
- チームが質問に答えるよいペースと流れを維持するのに悪戦苦闘している場合は、司会者を置こう。司会者は質問を順番に行い、質問に対して全員に発言する機会を与え、時間を管理する

図 10.1: 「発見とアクションのための対話」で問題点と解決策を深く掘り下げる

改善を具体化するための実験

　チームは「もっとコミュニケーションをとる」や「ステークホルダーを巻き込む」など、曖昧で希望的な改善案に陥りがちだ。しかし、このような曖昧な改善案では、どこから手を付けてよいのかわからず、終わった後の検証も難しい。ここでの実験は、改善案をできるだけ具体的に、かつ、小さくすることを軸にしている。

15% ソリューションを生み出す

　継続的改善は、変化が小さく自分で変えられることから始めるのが一番よい。そこに焦点を当てるために、組織論者のガレス・モーガン（Gareth Morgan）は、「15% ソリューション（15% Solutions）」[5] という概念を提唱した。人は自分の働き方や環境の 85% 以上をコントロールできないという前提に立ち、コントロールできる 15% の方に焦点を当てるというものだ。これはモチベーションを高めるだけでなく、組織文化や既存の階層、厳格な手順など 85% のコントロールを難しくしている壁にとらわれず、改善を小さく保つ。誰もが自分で変えられ、機会があるところから始めれば、それぞれの 15% の変化が雪だるま式に合わさり、組織全体の大きな変化となるだろう。

　この実験は、スクラムチームが 15% ソリューションを見つけ、ほとんど不可能と思われる環境でも変化を生み出すのに役に立つ。リベレイティングストラクチャーの「15% ソリューション」[1] にもとづいている。

労力／インパクト比

労力	★☆☆☆☆	大きな変化を求める誘惑を抑えられれば、自分がコントロールできることをやり通すことは難しくない
サバイバルに及ぼす効果	★★★☆☆	1 つの 15% ソリューションでは世界を変えられないが、たくさんの小さな変化が集まると変えられる

手順

この実験を試すには、次のように進めよう。

1. すべてのミーティングの最後に「15% ソリューション」を使う。これは学習したことを実行可能な手順に変えるのに役立つ。15% ソリューションに焦点を当てるために、なるべく共通の阻害要因や課題を使おう

2. 全員に 15% ソリューションのリストを作成してもらう。その際に「あなたの 15% は何ですか？」「裁量権や行動の自由はどこにありますか？」「リソースや権限がなくてもできることは何ですか？」などと聞いてみよう

3. ペアで 5 分間、お互いのアイデアを共有してもらう。15% ソリューションをできるだけ具体的にするために助け合いを促そう。「これを実行するための第一歩は何ですか？」や「どこから始めますか？」といった質問が役に立つ

4. 透明性を最大限に高めるため、15% ソリューションをチームの部屋に貼り出す。例えば、スクラムボードを利用している場合は、その周りにまとめておくとよい

私たちの発見

- 「15% ソリューション」はスプリントレトロスペクティブに限定するものではない。大規模で複雑なコードベースのリファクタリングをどこから始めるかを特定したり、スプリントレビューの後に次のステップを見つけたり、複数チームのレトロスペクティブを実施したりといった場合に使おう

- 自分自身でなんとかすることに背を向け、他の人やグループ全体の行動を定義したい誘惑に負けないように支援する。15% ソリューションは、自分の貢献に焦点を当てたときに機能する。解決策が重なっていたり、明らかに関連していなかったりしても、問題はない

何をやめるかに焦点を当てる

継続的改善は、「完成の定義をもう一度確認する」や、「多すぎるアジェンダに
さらにワークショップを追加する」「さらに別の技術を調査する」など、すでに
長い To Do リストにさらに何かを追加しがちだ。しかし、追加すれば追加する
ほど、実際には何もできなくなってしまう。

やることを追加するのではなく、今やっていることの中で非生産的なものを見
つけ、それをやめよう。リベレイティングストラクチャーの「TRIZ（トゥリー
ズ）」[1] は、遊び心を持って全員を巻き込むことで、イノベーションや生産性を
制限している活動の創造的破壊をもたらす大きな助けになる。TRIZ という名称
は、ロシア語の「発明問題解決理論」の頭文字をとったものだ。

労力／インパクト比

労力	★★★★☆	振る舞いや活動をやめることは、増え続けるリストにさらに追加するよりも難しいことが多い
サバイバルに及ぼす効果	★★★★☆	不要な振る舞いや活動をやめると、ゆとりが生まれる

手順

この実験を試すには、次のように進めよう。

1. フリップチャートを大きく使い、横に線を 2 本引いて 3 つの行を作る。手
   順の 3 番目に仕込んだ「ひねり」を台なしにしないよう、行にはラベルを
   付けない

2. 10 分間で、必ずひどい成果になるために参加者ができることを挙げてもら
   う。「ウィキペディアの『ゾンビスクラム』ページの代表例になるくらい、
   チームの速く出荷する能力やステークホルダーとのコラボレーション能力
   をゾンビ化させるために、どう貢献できますか？」と質問する。初めに個
   人で静かに数分間、次にペアで数分間アイデアを出す。法律の範囲内で創
   造的かつ現実的になるように促そう。その後、数分間で、ペアでアイデア
   を共有し、膨らませる。5 分間で際だった例を集め、一番上の行に貼る

3. 10 分間で、チームがすでに行っている活動のうち、一番上の行の項目に似ていたり、密接に関連する活動を真ん中の行に挙げてもらう。「正直に言うと、一番上の行の中で、すでに行っていることや、その方向に向かっている項目はどれですか？」と質問する。先に、数分間、個人的なふりかえりの時間を設け、その後、ペアになって考えを共有し、傾向を指摘する。一番上の行から真ん中の行に項目を移動させることで、ゾンビスクラムの顕著な傾向を捉えよう

4. 10 分間で、真ん中の行から今後やめたい振る舞いや活動をすべて一番下の行に移動する。まず個人ワークから始め、次にペアで行い、最後にグループ全体で行う。一番下の行はチームが今後やめようとしているものだ。何かをやめるために行動を追加したい誘惑に負けないようにしよう

私たちの発見

- 参加者には、真剣に楽しみ、少々大げさに、また笑いながらやってもらおう。そうすることで、安心して本音を言える環境を作ることができる
- もっと深くふりかえりをするために、TRIZ で扱う振る舞いや活動を、信念や規範に置き換えてやってみよう。必ずひどい成果にするためには、メンバー、仕事、ステークホルダーについて、どのような信念を持つべきだろうか。どのような信念がすでに存在し、または似ているものがあるだろうか。私たちはどれを手放すべきだろうか

改善レシピを作成する

「もっとコラボレーションする」「スプリントゴールを使う」などの漠然とした改善案や、開始と終了がはっきりしない改善案では、チームを前進させることはできないだろう。この実験は、みんなの知性と創造性を活かし、漠然とした改善案を具体的にする。料理本が地域の食材を使った料理の作り方を詳しく説明するように、**改善レシピ**で材料、手順、期待される成果を明確にする。この実験はリベレイティングストラクチャーの「シフト＆シェア（Shift & Share）」[1] にもとづいている。

労力／インパクト比

労力	★★☆☆☆	レシピの作成は難しくないが、チームにレシピを使ってもらうのは難しい
サバイバルに及ぼす効果	★★★★☆	チームとしてどこを改善し、それには何が必要なのかを明確にするという、継続的改善に必要不可欠なスキルが身につく

手順

この実験を試すには、次のように進めよう。

1. スプリントレトロスペクティブや複数チームのレトロスペクティブで、改善すべきところをいくつか特定する。参加者全員に、それぞれ最も気になる改善したいところを選んで、3〜5 人の小さなグループに自己組織的にわかれてもらおう。グループには、そこが「ブース」であることを示す何も書かれていないホワイトボードやフリップチャートを置く

2. まずは 2 分間、個人で静かに改善レシピを考えてもらう。次のような質問をしよう。「これを達成したいなら、どんな助けが必要ですか？」「何かのプラクティスが思い浮かびますか？」「他で試したことで、ここで上手く行くかもしれないものはありますか？」その後 5 分間、グループでアイデアを共有し、1 つを選んでもらう

3. レシピの完成の定義について説明する。レシピには次のことが明確になっている必要がある。「目的（達成しようとしていること）」「人（巻き込む必要がある人）」「手順（やることとその順番）」「成功（レシピが上手く進んでいることを確認する方法）」。必要に応じて、テンプレートを準備してもよい

4. 10 分間で、グループに完成の定義を踏まえて最初のレシピを作成してもらう。文字や絵、記号を使って、グループの創造性が最大限に発揮されるようにする

5. グループでブースオーナーを 1 人選んでもらう。ブースオーナーはブースに残り、他の人は時計回りに次のブースに移動する。5 分間で、ブースオーナーは新しいグループに現状を伝え、一緒に作業しながら、必要に応

じて改良を加え、明確化する

6. グループがすべてのブースを周るまで繰り返す

7. 最初のブースに戻って、他のグループと段階的に作ったレシピの最終版を見てもらう

8. すべてのブースの中から実現したいレシピを個人で 1 つ選び、自分の名前を書いた付箋をそこに貼ってもらう。数分間かけて、選んだレシピを、どこからどのように始めるのか認識を合わせる

私たちの発見

- 改善レシピには、繰り返し起こるパターンや、阻害要因を解決するための現場特有の戦略が現れることが多い。有用なレシピを組織の内外を問わず共有することは、素晴らしい学習方法だ

- レシピが表面的で漠然としていることに気づいたら、新しいブースに行ったときに「どうやってこれを行うのですか？」と質問し続けるようにグループを促そう

- 複数のスプリントにまたがる取り組みでは、目的が達成されるまで、頻繁に作業と進捗の認識を合わせるようにグループを促そう

新しい情報を集めるための実験

　私たちは、「ドライフルーツからジュースを絞り出すのは難しい」とチームにときどき話している。これは、遠慮のない言い方だが、チームの引き出しや新しいアイデアが枯渇し、継続的改善が停滞していることを伝えている。ここでは、新しいアイデアや今まで見えていなかった可能性をもたらすための実験を紹介する。

公式・非公式のネットワークを利用して変革を促す

　スクラムチームの環境を 1 人で変えようとしても難しい。影響力のある人たちと連絡が取りづらい大きな組織ではなおさらだ。阻害要因を取り除くなら、ま

ず組織内で同じような阻害要因に直面している人を見つけ、協力して取り除く必要がある。この実験は、組織内の公式・非公式のネットワークを利用して変革を生み出すものだ。これはリベレイティングストラクチャーの「ソーシャルネットワークづくり（Social Network Webbing）」（例：図 10.2）と「1-2-4-All」[1] にもとづいている。

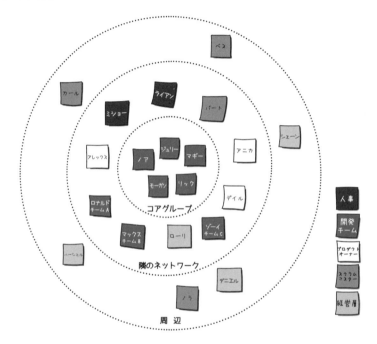

図 10.2: ソーシャルネットワークマップの例[1]

労力／インパクト比

労力	★★★★☆	ネットワークを広げる創造的な方法を見つけるのは難しい。大きくて複雑な組織ではなおさらだ
サバイバルに及ぼす効果	★★★★☆	公式・非公式のネットワークを利用して変化を起こすことで大きな転換が起きるのを、私たちは目の当たりにしてきた

手順

この実験を試すには、次のように進めよう。

1. スクラムマスター、プロダクトオーナー、開発チームのメンバーなど、スクラムに対する組織的な阻害要因を取り除くことに意欲的な人たちを誘うことから始める

2. 最初に個人で 1 分間、次にペアで 2 分間、4 人のグループになって 4 分間、「私たちが直面している大きな阻害要因は何ですか？」「この組織で、経験的に働くことを難しくしているのは何ですか？」と質問し、大きな阻害要因を集める

3. ソーシャルネットワークマップを作成する壁や床と、色の違う付箋を用意する

4. マップの作成を開始する。参加者に自分の名前を付箋に書いてもらい、ソーシャルネットワークの中心に置く。ここが「コアグループ」になる

5. 最初に個人で 1 分間、次にペアで 2 分間、4 人のグループになって 4 分間、阻害要因を取り除くために必要な、キーとなるグループや部門を特定してもらう。最大 10 グループに限定し、10 分間で、それぞれが異なる色や記号になるように凡例を作成する

6. 凡例を参考に、10 分間で、全員に組織内の知っている人の名前を 1 人につき付箋 1 枚に書いてもらう。そして、現時点で参加者に近いか遠いかにもとづいてマップに貼ってもらう

7. 最初に個人で 1 分間、次にペアで 2 分間、4 人のグループになって 4 分間、「直面している阻害要因を取り除くために誰を巻き込みたいですか？」「影響力や新鮮な視点、必要なスキルを持っている人はいますか？」と質問し答えてもらう。15 分間で、凡例を参考に、同じように付箋に名前を書いてマップに貼ってもらう。もし新しいグループが見つかったら、凡例を更新する

8. 15 分間で、できあがったマップを見ながら、「誰かこの人を知っていますか？」「影響力や専門性を持っているのは誰ですか？」「進捗を妨げたり、速めたりできるのは誰ですか？」と質問する。回答に従い人やグループを

線で繋げる

9. この章の実験「15% ソリューションを生み出す」を使い、離れているが影響力のある人を巻き込むための戦略を立てる。または、阻害要因を回避する。ネットワークを利用して、適切な人を巻き込むにはどうすればよいだろうか。電話やメール、関係性の近い人に頼むなど、簡単にできることで十分だ。また、実験「阻害要因ニュースレターを組織内で共有する」を利用して、ネットワーク内の人たちに知らせることもできる

私たちの発見

- マップのブラックホールに細心の注意を払おう。その部署やグループからの支援を必要としているが、直接的にも間接的にも知っている人がいない場所だ
- この実験は、何度も繰り返すことで効果を発揮する。積極的に協力してくれる人たちで「コアグループ」を広げていこう。ネットワークが広がるにつれて、進捗を妨げているものを取り除いたり、進捗を速めたりするのが簡単になっていく

ローテクな指標ダッシュボードを作成し成果を追跡する

　チームのパフォーマンスはどのくらいよくなっているだろうか。どのような成果を届けているか把握できているだろうか。多くの場合、チームはベロシティやスプリントごとに完成したアイテム数を追跡することで、このような質問に答えようとする。これらの指標からは、どれだけ忙しいかはわかるが、実際にその作業がどれだけ役に立つかはわからない。さらに悪いことに、組織は何を測定すべきかをチームに指示し、他のチームと比較することが多い。この実験では、チームが自分たちで指標を選択できるようにするための手順を紹介する。

労力／インパクト比

労力	★★☆☆☆	この実験は、小さく、もっと言えば 1 つの指標から始めて、そこから積み上げていけば難しくない
サバイバルに及ぼす効果	★★★★★	チームとステークホルダーが実際に起きていることを把握できるため、成果の透明性を高めることは変化の大きな推進力となる

手順

この実験を試すには、次のように進めよう。

1. この実験を始める前に、アウトプット志向とアウトカム志向の指標の違いを説明しよう（第 9 章参照）

2. 最初に個人で 1 分間、次にペアで 2 分間、4 人のグループになって 4 分間、チームが上手くやっていることをどうすれば知ることができるかを考えてもらう。次のように質問し、5 分間で関連する指標をチームと一緒に集めよう。「私たちがステークホルダーに対応できているかを、どうやって確認しますか？」「よい仕事をすると上がり、よくないと下がる指標は何ですか？」

3. 品質についても同じように行う。「品質が高いことを、どうやって確認しますか？」「よい仕事をすると上がり、よくないと下がる指標は何ですか？」

4. 価値についても同じように行う。「仕事を通して価値が届けられていることを、どうやって確認しますか？」「よい仕事をすると上がり、よくないと下がる指標は何ですか？」

5. 改善についても同じように行う。「改善と学習の時間が確保できていることを、どうやって確認しますか？」「よい仕事をすると上がり、よくないと下がる指標は何ですか？」

6. 集めた指標をみんなで見て、明らかに重複しているものを削除する。最初に個人で 1 分間、次に小さなグループになって 4 分間、なくても問題ない指標を削除し、反応性、品質、価値、改善の進捗を計測できるようにお願いする。これらをカバーする最小限の指標を一緒に 5 分間でまとめる

7. 残った指標を、上手く定量化する方法や、どこからデータを入手するか検

討する。追加の調査や、準備が必要な場合は、この作業をプロダクトバックログやスプリントバックログに追加する

8. なるべくホワイトボードやフリップチャートを利用したダッシュボードを準備しよう。チームは、これをスプリントごとに最低 1 回は更新する。さまざまな指標のグラフを作成し、傾向を追跡する。その際に、デジタルツールを使ってコックピットのような圧倒的なダッシュボードを作る誘惑に負けないようにしよう。まずは、いくつかの指標を追跡し、頻繁に検査するルールを作る。ホワイトボードのようなローテクダッシュボードは、見た目や中身、フォーマットの変更が簡単なため、いろいろ試すことが可能だ

9. スプリントレビューやスプリントレトロスペクティブで、ダッシュボードを検査する。どのような傾向が見られるだろうか。これを試すと何が変わるだろうか。このとき、リベレイティングストラクチャーの「What, So What, Now What?」[1] が適している

私たちの発見

- 指標となると、多くを測ろうとしがちだ。ステークホルダーの幸福度やサイクルタイムなど必要不可欠なものから始め、目的に沿った最小限に抑えよう。指標が学習に役立つ場合や、指標の更新や検査のリズムをチームが掴めた場合に追加するようにしよう

- 指標を重要業績評価指標（KPI）にしてはならない。誰かが KPI にしようとしたら、全力で止めよう。チームのパフォーマンスを評価するために指標を利用すると、数字をごまかしたり、競い合う動機を与えてしまう。何が機能して、何が機能しないのかを純粋に学習するために指標を利用しよう

- ダッシュボードをステークホルダーに隠してはいけない。むしろ、データの意味を理解し、改善の機会を見つけるためにステークホルダーを巻き込もう。チームと同じように彼らもデータから恩恵を受けているのだ

学習環境を整える実験

　継続的改善を行うには新しいことに挑戦する必要があるが、必ずしも改善に繋がるわけではない。環境のせいで、失敗や批判を心配しなければならない人は、新しいことに挑戦することを避けるようになり、結果的に学習や改善ができなくなる。ここでは、学習する文化を促進するための実験を紹介する。

成功体験を共有し、それをもとに事を進める

　ゾンビスクラムでは、上手くいかないことに簡単に目を向けてしまいがちだ。しかし、上手くいっていることに目を向けることで、そこからチームの改善を助けることができる。過去の成功体験やストーリー、戦略を共有することは、安全性を高めると同時に、前に進むための見えない道を見つけるよい方法だ。この実験はリベレイティングストラクチャーの「アプリシエイティブインタビュー（Appreciative Interviews）」[1] にもとづいている。

労力／インパクト比

労力	★☆☆☆☆	成功体験を共有してもらうことは、それほど大変ではない。ほとんどの人は自分が成功した話をするのが好きだ
サバイバルに及ぼす効果	★★★★☆	成功体験の共有は、ゾンビスクラムとの戦いには努力する価値があるという希望を与える

手順

　この実験を試すには、次のように進めよう。

1. この実験はいつでも実施できる。スプリントレトロスペクティブは当然のこと、スプリントプランニングやスプリントレビューの開始時でも可能だ。1 チームでもできるし、成功体験や学びを広めるために複数チームでもできる

2. 参加者に、ペアを作って向かい合わせで座ってもらう。全員が筆記用具を持っていることを確認しよう

3. 1 人あたり 5 分間のインタビューを順番に行ってもらう。このとき、「小さな課題や大きな課題を解決するために協力し、それが達成できて誇りに思っていることを共有してください。また、その成功要因を教えてください」のように問いかけてもらう。インタビュアーは聞くことに努め、ときどき、発言や意味を掴むための質問をする。次のステップで必要になるので、メモを取るのを忘れないようにしっかりお願いしておこう

4. 他のペアと合流してもらい、10 分間で自分のパートナーの成功体験を話す（1 人約 2 分間）。話している間、他の人はその成功要因にパターンはないか注意深く耳を傾ける。その後、10 分間でグループ全体から重要なインサイトを集め、フリップチャートにまとめる

5. 最初に個人で 2 分間、将来もっと多くこのような成功を体験するには何ができるのかを静かに考えてもらう。このとき、「成功要因を、どのように活かせますか？」「どうすれば頻繁に成功できますか？」と問いかけよう。その後、小さなグループにわかれ、4 分間でアイデアを共有する。次に、10 分間でグループ全体で際立ったアイデアを集める

6. この章の実験「15% ソリューションを生み出す」や「改善レシピを作成する」を使い、改善のアイデアを具体的なアクションにする

私たちの発見

この実験を行う際は、以下の点に注意しよう。

- 人数が奇数の場合は 3 人 1 組のグループができるが、他のグループと同じタイムボックスの中で工夫して進めてもらおう
- 自分や他の人の成功体験を共有しているとき、集団力学、姿勢や態度に細心の注意を払おう。グループにとって自分たちの成功を思い出すことも、他の人が自分の成功体験を話しているのを聞くのも、よい経験になる

お祝いケーキを焼く

チーム精神を高めるには、小さな成功をその都度認識することが大切だ。例えば、本番環境にリリースしたとき、あるいは手作業で行っていた部分を自動化で

きたとき、毎回お祝いすることができる。シンプルで遊び心ある方法で成功をお祝いすると、チーム全員に貢献する機会が与えられるため、チームの役に立つことを私たちは発見した。

労力／インパクト比

労力	⭐☆☆☆☆	お祝いに相応しい行動を選ぶこと以外は、この実験は楽勝だ
サバイバルに及ぼす効果	⭐⭐⭐☆☆	この実験で世界が変わるわけではないが、チーム精神とチームにおける安全性を高めるためにはよい方法だ

手順

この実験を試すには、次のように進めよう。

1. チームと一緒に、スプリント中に起きたお祝いに相応しい具体的な実績を見つける。より経験的に働くのに役立ち、困難な行動または頻繁に延期されてしまう行動を選ぼう。例えば、本番環境へのリリース、実際のユーザーでの仮説検証、作業を新たに「仕掛中」にせず誰かとペア作業をしたなどだ。
2. 大きな紙かホワイトボードを用意して、そこに大きな円を描く。円を 6 つか 8 つのピースに分割して「お祝いケーキ」を表現する（図 10.3 参照）。それをチームの部屋の見えるところに貼る
3. チームが選んだ行動を完了するたびに、ピースの 1 つに印をつけていく。完了させた人のイニシャルを入れてもよいが、チーム全員がその行動を実際に完了または貢献する機会がある場合に限る
4. すべてのピースに印がついたら、本物のケーキを買いに行く。または、チームが一緒に楽しめる何かを用意しよう

私たちの発見

- 難しいかもしれないが、スプリントで何度も達成可能な目標を設定したい。ピース数や難易度はチームの能力に合わせて調整しよう

- 達成したことがチームの他のメンバーにもわかる行動を選ぼう。そうでなければ、ピースに印をつけるかどうかの判断が主観的になり、個人の判断になってしまう

図 10.3: お祝いケーキを作って小さな成功をお祝いしよう！

次はどうしたらいいんだ？

この章では、チームと組織全体が継続的に改善をするために設計された一連の実験を見てきた。継続的改善には、ダブルループ学習が必要なものもある。また、それだけではなく、安全な環境、外部からの新たなインスピレーション、そして具体的な改善案も必要だ。これらの実験を利用したり、実験からインスピレーションを得たりして、今すぐ継続的な改善に取り掛かろう。

「新人くん、もっと実験を探しているのか？ zombiescrum.org にはたくさんの武器がある。上手くいった他の実験があれば提案してくれ。我々の武器を増やす手助けをしてほしい」

第 5 部

自己組織化する

第11章
症状と原因

俺たちは社会をカオスに戻そうとしているんじゃない。再建しようとしているんだ。

——Andrew Cormier "Shamblers: The Zombie Apocalypse"

この章では

- 自己組織化とはどのようなものか、自己管理チームがどうやって自己組織化できるようになるのかを学ぼう
- 自己組織化が機能しない、よくある症状と原因を見ていこう
- 健全なスクラムチームの自己組織化と自己管理がどのようなものかを知ろう

現場の経験談

「スクラムジャーニーを始めるぞ！」ウィジェット社の CEO ジェフは、毎年恒例の社内合宿の冒頭でそう叫びました。それは、会社にとって重要で戦略的な一手でした。ここ数年、ウィジェット社は競合の増加に直面していたのです。ジェフは、スクラムがどのように会社の競争力を高めるのかについて書かれた本を読み漁っていました。また、数名の同僚からもスクラムを勧められていました。

数週間後、アジャイルへの移行が本格的に始まりました。外部のスクラム

コンサルタントチームとともに、ジェフはすべてを準備万端整えるため、裏方を勤めました。最初の課題はスクラムチームの結成でした。設計、実装、テスト部門を解体して、クロスファンクショナルなチームを作ることはあまりにも難しいと気づいたのです。そこでジェフは、移行を早期に完了させるために、設計部門は 1 チーム、実装部門は 3 チーム、テスト部門は 1 チームのスクラムチームを作るよう、各部門長に指示をしました。部門長は、それぞれのチームのプロダクトオーナーの役割も担うことにし、新しい役割であるスクラムマスターには、工数に空きがある人に割り当てました。もう 1 つの大きな課題は、全員の研修と認定を素速く行うことでした。ありがたいことに外部のコンサルタントが認定研修を提供してくれました。さらに、ユーザーストーリーの書き方、プランニングポーカー、Ready の定義の使い方、レゴを使ったものなど、一般的なベストプラクティスの研修も提案してくれました。研修の手配も済んだので、責任と統制をスクラムチームに任せられるとジェフは安心しました。

　半年後、私たちのもとに助けを求める叫びが届き、大慌てで駆けつけました。ジェフの期待とは対照的に、冷笑的な態度と低い士気がそこには漂っていました。チームは、経営陣や他のチーム、コンサルタントに対する不満を口にしていました。彼らにしてみれば、作業が他のチームの作業に依存しているため、1 回のスプリントで何かを完成させるのは不可能だったのです。彼らはクロスファンクショナルなスキルを持つスクラムチームへの体制変更を提案しましたが、部門長はそれに抵抗していました。一方で、部門長とジェフはチームのコミットメントが十分でないことに不満を持っていました。多大な労力をかけてチームを立ち上げたのにもかかわらず、その労力が無駄になってしまったのです。得られたのは、見込んでいた自己組織化ではなく、不平不満、問題、冷笑的な態度でした。これからは、再び部門長やジェフが統制することになります。スクラムフレームワークは失敗したのです。

　このケースは、自己組織化の欠如を鮮明に表している。自己組織化はスクラムフレームワークの重要な特徴であるが、その定義は驚くほど難しく、それが混乱

の原因となっている。自己組織化を生み出し、維持することがいかに難しいかを十分に理解していない人は、自己組織化があらゆる組織の病の治療法に見えてしまうのだ。自己組織化を、自分で役割を選び仕事の進め方を定義する手段だと考える人もいれば、自分の給料を決め同僚と業績評価を行う手段だと考える人もいる。また、毎年新しい経営陣を選出したり、チームに損益管理の責任を負わせたり、チーム構成に対する完全な権限を与えたりする手段として自己組織化を利用する人もいる。

　この章で、私たちはスクラムフレームワークの観点から自己組織化というテーマに取りかかる。また、自己組織化のレベルが低い場合によく見られる症状と、何がそれを引き起こすのかについても紹介する。章の最後には、健全なスクラムチームの自己組織化がどのようなものか例を示す。

実際にどのくらい悪いのか？

私たちは survey.zombiescrum.org のゾンビスクラム診断を使って、ゾンビスクラムの蔓延と流行を継続的に監視している。これを書いている時点で協力してくれたスクラムチームの結果は以下のとおりだ。

- 67%：チームは、自分の専門分野の仕事だけしかしないか、ほとんどしないメンバーで構成されている
- 65%：チームは、チーム構成について発言権が全くないか、制限されている
- 49%：チームは、スプリントで明確なゴールを全く、あるいはほとんど定義しない
- 48%：チームは、複数のプロジェクトやプロダクトに同時に取り組んでいる
- 42%：チームは、ツールやインフラについて発言権が全くないか、制限されている
- 37%：チームは、メンバーの急な不測の事態に備えるためのスキルの冗長性が全くないか、限られている
- 19%：チームは、スプリント中の作業のやり方についてほとんど発言権がない

なぜ、わざわざ自己組織化する必要があるのか？

　自己組織化はスクラムフレームワークの中心となる概念である。その重要性にもかかわらず、定義は驚くほど難しい。チームが自分たちで決定すべきという考え方である「自己管理」とよく混同される。この違いは些細なことのように思えるかもしれないが、この章で詳しく見ていくスクラムに関する 2 つの本質的な真実を理解するのに役立つ。1 つ目は、スクラムが自己組織化を利用して、組織をよりアジャイルにするための「てこの役割」を果たすこと。2 つ目は、自己組織化を実現するために、スクラムチームには高度な自己管理が必要なことである。

自己組織化とは何か？

　生物学から社会学、計算科学から物理学まで、さまざまな科学領域において、自己組織化とは、最初は無秩序であったものから自然発生的に秩序が生まれるプロセスのことを指す[26]。システムの最小単位間の相互作用から生まれ、かつ外部からの影響を受けなかった場合のみ、この秩序は自己組織化の結果と言える。自己組織化は、私たちの周りで、さまざまなレベルで起こっている。風が砂の上に美しい模様を作るのも、自分たちを指示する明確な知性がなくとも蟻が協力して巨大なコロニーを作るのもそうだ。そして、大勢の人が人混みで行き交うとき、難なくお互いにぶつからないように歩くのもそうである。

　従業員を集めて大きなグループを作ったときにも、この現象は起きる。最初、集められた従業員は一緒に働く方法がわからないため、カオスになるだろう。管理職が指示を与えて秩序を作ることはできるが、押しつけられたものなので自己組織化とは言えない。従業員は、外からの指示がなくても、仕事の進め方や調整方法の共通理解を持つことができる。ここでは「従業員」を最小単位としているが、これをスクラムチームに置き換えても同じ効果が得られる。50 のチームを集めれば、ルールや構造、コラボレーションが自然に形成されるだろう。ただし、それが効果的かどうかは別問題だ。

　カオスになるか効果的になるかにかかわらず、自己組織化の成功は 2 つの重要な要因がある。チームが従うシンプルなルールと、チームが実際に備えている自

律性である。

シンプルなルールによる自己組織化

　自己組織化を成功させるための第一の要因は、システムの最小単位が従うルールのシンプルさと質である。よくある例が、マーマレーションと呼ばれる、空に精巧で複雑な模様を描く鳥の大群だ。こんなに美しいにもかかわらず、実はこの模様は、すべての鳥が守るシンプルなルールがもたらした結果である。鳥は同じ速度を維持し、近くにいる数羽の鳥たちと同じ距離を保つ[27]。1 羽 1 羽がこのシンプルなルールに従うことで、速度、距離、方向のわずかな違いが大きな変化をもたらし、群れが急速に伸びたり、向きを変えたり、ひっくり返ったりするのだ。このシンプルなルールがなければカオスになってしまう。自己組織化とは、1 羽 1 羽の自律性を反映したものではなく、群れの中の鳥がいくつかのシンプルなルールに従うことで集団レベルの模様が自然に現れるものである。

　スクラムフレームワークは、スクラムチームが従うべき 1 つの必要不可欠なルールを意図的に定義している。スプリントゴールを達成する「完成した」インクリメントをスプリントごとに届けるというルールだ。このインクリメントは、透明性、検査、適応を推し進める原動力である。役割、作成物、イベントという、スクラムフレームワークを構成するすべての要素に目的を与えている。このルールに従うことは、近くにいる鳥と同じ速度で同じ距離を保つことに比べたら確かに簡単ではないが、それを継続することでシステム全体の変化が引き起こされる。

　プロダクトを作る人たち（スクラムチーム）は、スプリントごとに完成したインクリメントのリリースを妨げているものを発見するだろう。スキルが不足していることや、作業がチーム外の人に依存していることを発見するかもしれない。あるいは、権限がないためにプロダクトオーナーが明確なスプリントゴールを定義するのが難しいことを発見するかもしれない。スクラムチームが阻害要因を特定し、取り除くにつれ、スクラムフレームワークの 1 つのルールに従うことが徐々に容易になってくる。これにより、自分たちの作業に対するフィードバックが増え、そのフィードバックを受け取るスピードに応じて、作業のやり方をより素速く改善できるようになる。つまり、環境に対する柔軟性とアジリティが高

まってきたということだ。スクラムフレームワークは、スクラムチームがスプリントごとに完成したインクリメントのリリースに集中することによって、システムレベルの変化をもたらす「てこ」として機能するのだ。

　残念ながらゾンビスクラムに苦しむチームは、この 1 つのルールに従えないか、従いたくないのである。これでは「てこ」は機能しない。自己組織化が起こらないか、アジリティにとって大切な方向に向かわないのだ。

自己管理による自己組織化

　自己組織化を成功させるための第二の要因は、自分たちのルールを決定すべき人とチームの自律性だ。これは、チームが行う作業を川に例えて考えることができる。阻害要因や課題は、行く手を阻む岩だ。川に制約があればあるほど、岩を避けて流れる選択肢が少なくなる。自律性が高まることで、チームは邪魔な岩を避けて自分たちの作業を前に進められるようになる。組織科学者は、これを「自己管理」と表現する。この哲学では、チームは完全なプロダクト、プロダクトの独立した部分、または特定のサービスに責任を持つ[28]。決定権を持つ管理職や従うべき厳格なポリシーや手順の代わりに、チームは次のような点に関して、ある程度の自律性を持つ[29]。

- 新しいメンバーをどのように選考し、採用するか
- チームやメンバーの報酬をどのように決め、どのように評価するか
- 安全で協力的な環境をどのように作るか
- 重要なスキルを誰がどのようにトレーニングするか
- どのように時間を使うか
- 他チーム、他部門、他事業部との作業の同期をどのように取るか
- どのように目標を設定するか
- チームの作業に必要な設備やツールは何か
- どのように意思決定するか
- どのように作業を割り振るか
- どのメソッド、プラクティス、テクニックを使うか

　それぞれの点で、チームの自律性は、「全く自律していない」と「完全に自律

している」の間のどこかになる。

　自己管理チームという概念は斬新に見えるかもしれないが、実は古くから存在している。自己管理は、第二次世界大戦中にタビストック人間関係研究所によって開発された社会技術システム（Sociotechnical System: STS）アプローチの重要な要素である[30]。この研究の結果、自己管理チームが多くの自動車製造工場など、あらゆる場所に現れ始めた[31]。それまで普及していた従来の組み立てラインでの製造に代わり、チームは自動車のブレーキや電子機器などサブシステム全体の完成に責任を持つようになったのである。また、チームは、経営陣の関与なしに、自分たちの計画やスケジュール、タスクの割り当て、採用、トレーニングを行うことができた。長年にわたって社会技術システムで行われてきた膨大な研究によると、仕事の満足度、モチベーション、生産性、品質が大幅に向上することがわかっている[32]。後にスクラムフレームワークやリーンに影響を与えることになるトヨタ生産方式（Toyota Production System: TPS）は、社会技術システムの一例である。

　スクラムガイドで、スクラムチームは「自己組織化」されていると定義しているが、「自己組織化」のプロセスを実現するためには「自己管理」することが必要だ。スクラムチームは、プロダクトや仕事の進め方の決定に必要なすべての役割と責任を持っている。しかし、実際には、ほとんどのスクラムチームは自己管理する能力が非常に制限されている。チームが自己管理するときに起こると予想されるカオスと無秩序を減らすために、組織の多くはチームの仕事のやり方を厳しく統制している。自己組織化のメカニズムを理解していないかその成果を信用していない。結果的にゾンビスクラムが生まれるのだ。

自己組織化は複雑な世界におけるサバイバルスキル

　複雑な環境には、予測不可能性と不確実性が高いという特徴がある。これが環境を不安定にし、リスクで溢れる原因となる。市場がまたたく間に変化し、新技術が一夜にして広く普及すると、直ちに修正が必要なセキュリティの脆弱性がそこに発見されることがある。また、新しい競合企業が優れたプロダクトを携えて市場に参入し、揺るぎないと思われていた市場での地位が損なわれることもある。また、2008 年の金融危機や 2020 年の COVID-19 のような世界的な大災害

が起き、一夜にして経済が根底から覆され、企業が全く予期せぬ事態に陥ることもある。私たちの世界がますますグローバル化し、相互の結び付きが強まるにつれて、即座に対応しなければならないような予測不可能で大きな影響力のある出来事が起こる可能性も高まっているのである。統計学者のナシーム・タレブ (Nassim Taleb) は、このような出来事を「ブラック・スワン」と呼んだ[33]。

　さらに、タレブは、組織が「頑健性 (robustness)」と呼ばれるものに最適化することが多いと述べた[34]。組織は、変動性 (volatility) を減らそうとして、組織内外の有害なばらつきを抑えるために、標準化と中央集権的な調整に頼るのだ。例えば、特定の問題を解決する際に、すべてのチームで同じ技術や同じ手順を強制したり、複数チームでのプロダクト開発を指導するために、中央集権的なステアリングコミッティを設置したりする。組織は変化が小さいときには、厳格な基準と調整体制を採用することで変動の影響を抑えることができる。しかし、ますます不安定化する世界では、この厳格さが変化への適応を妨げ、さらには組織を完全に破壊することさえあるのだ。

　「反脆弱性 (antifragility)*1」に最適化する方法もある。反脆弱性システムは、変化や衝撃に抗おうとせず、プレッシャーを受けて強くなっていく。例えば、Netflix のエンジニアリングチームは、「Chaos Monkey」[35] と呼ばれるツールを作成し、インフラ内のサービスをランダムに停止させた。サービスが停止してエンドユーザーに混乱が生じるたびに、エンジニアリングチームは、その影響を軽減するためにアーキテクチャを再設計した。このようなランダムな衝撃に対応することで、Netflix は徐々にインフラのレジリエンスを高めていったのだ。

　Space Exploration Technologies（スペース X）は、他の打ち上げ業者よりも意図的に打ち上げの頻度を高くしている[36]。打ち上げが失敗するたびに、彼らの自己管理チームは、技術、プロトコル、プロセスを更新し、将来同じような失敗が起こらないようにする。Procter & Gamble（P&G）、Facebook、トヨタなどの組織では、さまざまな選択肢を見つけるために、小さな実験を同時に数多く行っている。ほとんどの実験は失敗するが、大成功するものもある。重要なことは、自己管理チームが失敗から学び、それによって強く成長することだ。

---

*1　（訳者注）タレブの本の訳書では、antifragility を「反脆さ」と訳しているが、この本では「反脆弱性」と表記する。

反脆弱な組織には、次に示す３つの議論のポイントがある。

1. 発生した問題に対し自己組織化するために自己管理チームを信頼する（図 11.1 参照）
2. 失敗を通してより強く成長するために実験を奨励する
3. シングルループ学習とダブルループ学習を通して、失敗から学習することに時間を使う（第 9 章 参照）

　まとめると、反脆弱な組織は、複雑さによる不確実性のある中で生き延びるだけでなく、その中で成長するためのスキル、技術、プラクティスを開発する。それは、他の組織よりも速く適応できるようになるためだ。残念なことに、この後で見ていくように、反脆弱性に必要なばらつきや冗長性は、ゾンビスクラムがはびこる組織では、非効率で無駄なものとみなされることが多い。

　反脆弱性は、この本に書いたことの多くを結び合わせる概念だ。それを積極的に促進しているのが、スクラムフレームワークである。スクラムフレームワークは、チームを妨げる課題に対して自己組織化する自己管理チームに依存してい

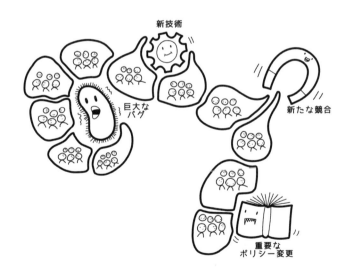

図 11.1: 組織の免疫システムのように、自己管理チームは発生した課題や機会に対し素速く自己組織化できる

る。スプリントごとに完成したインクリメントをリリースするという 1 つのルールに従うことで、チームの自己組織化を困難にしているあらゆることが明らかになる。そこには、厳格な管理体制、権限不足、長いフィードバックループ、高度に専門化された（しかし局所化している）スキルなど、反脆弱性ではなく頑健性に最適化された要因の多くが含まれている。スプリントごとに完成したインクリメントをリリースすることで、チームは効果的に成功と失敗の機会を増やす。そうすることで、結果をふりかえり、学習する機会が得られるのだ。そして、組織の中で十分な数のチームがそれを実践すると、組織全体の反脆弱性がますます高まっていくのだ。

要するに

　作家のニール・スティーヴンスン（Neil Stephenson）は、小説『七人のイヴ』[37]で、地球の周りに突如として密集したスペースデブリが現れ、雨のように降り注ぎ、すべての生命を根絶やしにする大惨事を書いている。人類を救うため、技術者たちは、地球が再び居住可能になるまで地球を周回し続けられる、数千人が居住する宇宙ステーションの建設を開始する。1 つの巨大な宇宙ステーションではなく、必要に応じて繋げたり切り離したりできる小型で自律的なステーションの巨大な群れを設計したのだ。軌道上にはまだ多くのデブリが存在しており、ごく小さな一粒であっても壊滅的な結果を招く。たった 1 つのステーションではあまりにも危険だったのだ。群れを構成する各ステーションが災害の影響を受けることには変わらないが、サイズが小さくなったことで飛来してくるデブリを回避しやすくなった。そのうえ、個々のステーションが失われても、すぐに群れ全体の生存が脅かされることはなくなった。今や、群れは差し迫った大災害に対して、1 つの宇宙ステーションよりも効果的に自己組織化できるようになったのだ。

　これはスクラムフレームワークが実現しようとしていることを表す、よい例えだ。スクラムフレームワークは、リスクやばらつきを避けるために作業を標準化し、中央集権的な管理によって厳しく統制する伝統的な構造の打破を目的としている。物語の中に出てくる巨大な宇宙ステーションのように、伝統的構造は安定した環境では上手く機能する。しかし、私たちの世界はますます複雑化しており、大混乱を引き起こすような予期せぬスペースデブリがますます多くなってき

ている。自己管理する複数のスクラムチームをこの物語のステーションの群れのようにすることで、スクラムフレームワークは反脆弱性を実現する。自己管理チームとして、すべてのスクラムチームは変動性を獲得し、それにより生存可能性を高めるのだ。

なぜ、私たちは自己組織化しないのか？

　自己組織化がそれほど重要なら、なぜゾンビスクラムではそうしないのだろうか。このあと、よく観察されることや、その根本原因を見ていこう。原因がわかれば、適切な介入や実験を選択しやすくなるはずだ。そして、ゾンビスクラムへの共感も生まれ、誰もが最善を尽くしているつもりだが、発症してしまうことが多い理由がわかるだろう。

> 「さて、新人くん、いかに自己組織化が重要なのかわかったかな。ふわっとした印象を受けたかもしれないけど、これが君にとっての最高の生存戦略なんだよ」

ゾンビスクラムでは、自己管理が十分にできていない

　この章で見てきたように、スクラムチームの自己管理する能力が制限されている場合、共通の課題に対してスクラムチームが自己組織化することは困難だ。ゾンビスクラムに苦しむ組織では、「自己管理による自己組織化」で話題にしたほとんど、あるいはすべての点で「全く自律していない」傾向がある。チームの作業を、いつ、誰がやるべきかについて、ゾンビスクラムチームは自分たちで決めることができない。誰かによって決められたり、まず承認をもらう必要があったり、既存の標準や「ここでのやり方」の遵守を求められたりするのだ。

探すべきサイン

- スクラムチームは、チームメンバーの人選に口出しできない。それは外部の管理職か人事部が行っている
- スクラムチームは、チームのニーズに合わせて、ツールや作業環境を変えることができない
- プロダクトオーナーには、「自分の」プロダクトに対して限られた権限しかない。決定を下すことが許されていないか、頻繁に許可を求めなければならない
- スクラムチームが依存している他のチームや部門、人について陰口や非難が多い。また、その逆もある
- 自分たちの仕事の目的や一緒に開発しているプロダクトに対して、冷笑的な態度を取る。チームの士気は低い[*2]

　専門業務の担当者が正しく決定できると信頼されている環境において、自己管理は機能する。残念ながらゾンビスクラムに感染した組織では、このような信頼が示されていないことが多い。自己管理に関しては、この信頼不足は、作業の進め方を担当者自身に任せずに外部のエキスパートを起用することとして表れる。また、プロダクトオーナーがプロダクトをリリースするまでに、長い承認リレーを経なければならないこととしても表れる。担当者が、慎重に、思いやりをもって、組織の利益のために自律性を活用するとは、暗黙的にも明示的にも信頼されていないのだ。

　このような信頼不足は、スクラムチームは管理職が十分な自由を与えないと不満を言い、管理職はスクラムチームが責任を取らないと不満を言う、責任転嫁の悪循環を助長する。管理職がチームに感じる士気の低さや不信感は、たいていの場合、統制できていないと感じることで生まれる。人は、仕事をこなす自分の力を他人から制限されていると感じるとき、その結果生じるストレスに対処するためにさまざまな戦略を取る。誰かの文句を言ったり、人のせいにしたりするのは、その典型例と言える。不満を他人にぶつけ、自分の責任を軽く感じようとす

[*2] teammetrics.theliberators.com にチームの士気を計測する無償のサービスがある。

ることで、ストレスを和らげるのだ。他には、士気の低さに表れるように、チームとしてのコミットメントや「チームの一員として働く熱意と粘り強さ」を放棄する戦略がある[38]。

　自己管理と信頼は、互いを必要とし互いに強め合うものだ。それは簡単にできるものではない。程度の差はあるが、失敗することもあるだろう。しかし、失敗する自由がなければチームは学べない。目標達成に向けてコミットもできないだろう。積極的に会社を妨害したり、私利私欲を追求して他人に迷惑をかけたりする「トラブルメーカー」は必ず存在する。しかし、失敗や妨害を防ぐために厳格な階層構造やポリシーを規定するより、失敗の影響範囲を限定するほうがずっと有益だ。チームが自分たちの失敗の結果を理解し、将来的にそれを避けることを学ぶプロセスを支援するほうがよい。

　自己管理のポイントは、すべてのルールをなくすことでも、チームがやりたいことを何でもできるようにすることでもない。チームが自分たちの仕事の進め方を設計し、形にできる権限を与えると同時に、その決定に責任を持つようにすることだ。このプロセスはそれぞれのチーム内でも起こるし、チーム間の連携をはっきりさせようとして複数のチームが協力するときにも起こる。このときに自己組織化が生まれるのだ。

改善するために、チームで次の実験を試してみよう（第 12 章参照）。

- 自己組織化のための最小限のルールを見つける
- パーミッショントークンで自律性の低さによるコストを可視化する
- ルールを壊す！
- 何が起きているか観察する
- 統合も自律も高める行動を見つけ出す

ゾンビスクラムでは、市販の解決策を使う

ゾンビスクラムに苦しむ組織は、標準化された手法、明確に定義されたフレームワーク、「業界のベストプラクティス」に従うことが好きだ。この選択は、自分たちでアプローチを開発するよりも効率的に感じられるのだ。Spotify の一流のエンジニアリング文化を再現しようと、組織が「Spotify モデル」を導入するのと同じで、他の組織の経験から学んでいると思い込んでいる。しかし、他の組織からの「コピー」には、大きな問題が 3 つある。

- ある組織で機能した解決策を別の組織にコピーすることは、それが元の組織で機能した固有の状況を完全に無視している。例えば、Spotify の「モデル」を銀行や保険会社にコピーしようとしても、互いの文化や環境は全く異なる。Spotify で機能したことが、他の組織では全く機能しないかもしれないのだ

- 複雑なシステムの特性上、「モデル」や「ベストプラクティス」は存在しない。Spotify のような組織は常に流動的だ。ダブルループ学習と自己組織化によって、どのように協力して働くかを変え続けている。ある瞬間のSpotify の役割、体制、ルールを自分の組織にコピーすることはできるが、実際に機能しているモデルは構造ではなく、学習と自己組織化に重点を置いていることの方だ。事実、Spotify は、構造は常に変化するのでコピーすべきではないと、ちゃんと示している[39]

- 他の組織から「ベストプラクティス」をコピーすると、そもそも、その方法を生み出したダブルループ学習と自己組織化を見事に回避することになる。結果（と思われるもの）をコピーするだけでは、組織は、複雑な課題を解決するために不可欠な学習能力を決して育てられない。コピーすることで、どこかで定義された解決策が組織全体に展開され、実は自己組織化とダブルループ学習が阻害されてしまう（図 11.2 参照）

図 11.2: しかし、できあがった解決策が専門店で手に入るのはとても便利に感じる

　Spotify の例はわかりやすいが、どこかのベストプラクティスをコピーしよう
とするのにも同じことが言える。ダブルループ学習と自己組織化よりも、特定の
組織構造を解決策として強調しているスケーリングフレームワークも同様だ。

探すべきサイン

- 「車輪の再発明はやめよう」といった声が聞こえる
- 外部の専門家を雇い、彼らのベストプラクティスを導入したり、社
  員を巻き込まずに計画した変革の取り組みを「展開」したりしてい
  る
- 他の組織で機能したアプローチを、まず小さなところで試さず、い
  きなり組織全体にコピーしている
- 外部のフレームワークなど（例えば SAFe、LeSS、Spotify モデル）
  で解決しようとしている問題は何かと聞いても、明確な答えがもら
  えない

　確かに、他の組織の解決策からヒントはもらえる。しかし、彼らのレシピに飛
びついてそのまま真似るより、学習と失敗ができる環境を作るほうがよい。苗木

をコピーするのではなく、その苗木が育った土壌をコピーするのだ。なぜ問題が存在するのかを探究し、自分の仕事に自律性を持ち、異なるアプローチを試すことが奨励される環境を作ろう。すると、そこでダブルループ学習が起こり、自己組織化され、あらゆる種類のとても創造的な解決策が生まれるのだ。

改善するために、チームで次の実験を試してみよう（第 12 章参照）。

- 自己組織化のための最小限のルールを見つける
- オープンスペーステクノロジーで現場での解決策を作る
- 統合も自律も高める行動を見つけ出す

ゾンビスクラムでは、スクラムマスターがすべての阻害要因を解決していく

　スクラムマスターには、開発チームが阻害要因を解決するのを助ける責任がある。開発チームが十分に自己管理していれば、経験を積むにつれて阻害要因を自力で解決できるようになるはずだ。しかし、ゾンビスクラムではそうはならず、スクラムマスターは同じような阻害要因で相変わらず忙しいままだ。チームは妨げとなっているすべての問題を解決してくれるスクラムマスターに頼るようになり、スクラムマスターは阻害要因の解決策を積極的に提案したり、開発チームの依頼をすべて引き受けたりして、問題を助長している。スクラムマスターは最善を尽くしているつもりだが、自力で阻害要因を解決するスキルをチームが獲得することを助けていない。

探すべきサイン

- スプリントレトロスペクティブの間、特定したほとんどの課題の解決に、スクラムチームはスクラムマスターをあてにしている
- スクラムマスターは、ソフトウェアのライセンス管理や Jira のアップデート、チームの事務用品調達、会議室予約といった作業を日常

的に行っている
- スクラムマスターが、いつもスクラムイベントのファシリテーションを行っている
- 開発チームは、プロダクトオーナーを含む外部に依存する問題に出くわすと、いつもスクラムマスターが解決している

　問題を解決することが自分の責任だと信じているスクラムマスターは、解決している問題よりも多くの問題を引き起こしている。すべての問題が阻害要因になるわけではない。私たちは、（1）スプリントゴールの達成から、（2）開発チームを妨げており、（3）自分たちで解決する能力を超えた難問を阻害要因と定義したい。一般的に、スクラムマスターの支援が必要な阻害要因の種類は、時間とともに範囲が広がるはずだ（図 11.3 参照）。最初は、スクラムチームと組織がスクラムフレームワークの目的を理解することにスクラムマスターの労力は集中する。

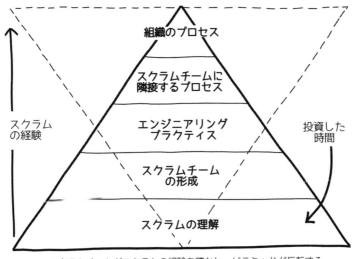

スクラムチームがスクラムの経験を積むと、ピラミッドが反転する

図 11.3: ドミニク・マキシミン（Dominik Maximini）の阻害要因のピラミッド[3]

*3 出典：Maximini, D. 2018. "The Pyramid of Impediments." Scrum.org

例えば、スプリントごとに完成したインクリメントをリリースすることがなぜ重要なのか、複雑な環境でチームがより効果的になるためにスプリントゴールがどのように役立つのか、スクラムのさまざまなイベント、役割、作成物が、どのようにチームが経験的に働くことを可能にするのかなどだ。

スクラムの理解が深まるにつれ、チームがより経験的に働けるように（異なるスキルや人材を入れるなど）チーム構成を変える手助けが必要になるかもしれない。また、そのようなスキルを 1 つのチームにまとめ、その恩恵を受けるためには、異なる手法や異なるエンジニアリングプラクティスが必要になることもある（例：自動テスト、Lean UX、創発的なアーキテクチャ、継続的デプロイ）。

スクラムチームがチームの中で経験的に作業できるようになると、他の部門やチームが関わる広範な阻害要因に出くわすことがある。例えば、チームとして一緒に作業することよりも、個人の貢献度を評価する人事の慣習がそれにあたる。さらに、スクラムチームが他のスクラムチームとの作業の同期に苦労することや、営業部門が価格とスコープを固定にしたプロジェクトで仕事を取り続けることもその一例だ。最終的に、阻害要因は組織全体での仕事の進め方に関わるだろう。年間のプロダクト戦略が市場の状況の変化に対応できない、または、経営陣が自己管理するスクラムチームをどう支援したらよいかわからないなどだ。

スクラムマスターは最初からあらゆる阻害要因に直面するだろうが、スクラムチーム（と経験的プロセス）をスタートさせることが最優先だ。チームという「経験主義のエンジン」が動き出せば、解決すべき多くの阻害要因に対する透明性を生み出してくれる。時が経てば、スクラムマスターの労力のほとんどが広範な組織レベルの阻害要因に移るため、ピラミッドは反転するはずだ。しかし、ゾンビスクラムでは、スクラムチームはピラミッドの下の方ではまり込んだままなのだ。

改善するために、チームで次の実験を試してみよう（第 12 章参照）。

- 何が起きているか観察する
- 助けてほしい気持ちをはっきりと言葉にする
- 自己組織化のための最小限のルールを見つける

ゾンビスクラムでは、スクラムマスターはスクラムチームだけに集中する

　スプリントごとに完成したインクリメントをリリースするという 1 つのルールに従うと、スクラムチームは経験的な働き方を妨げる多くの阻害要因に直面する。スクラムチームに閉じるものもあるが、その多くは、他のチーム、部門、サプライヤーが関係する。

　このような現実から、スクラムマスターは組織が経験的に働くことを支援する最適な立場にいるのだ。彼らは、何がスクラムチームを妨げているのか、どこを改善する必要があるのかを日常的に見ている。そして、他のスクラムマスター、プロダクトオーナー、開発チーム、ステークホルダーと協力して、徹底的に組織に影響を与え、経験主義とアジリティの向上に向けて組織を導く。

　残念ながら、ゾンビスクラムが蔓延している組織は、このような振る舞いが期待できるスクラムマスターを活用して組織を変えようとしない。スクラムマスターが役割を誤解して、自分のチームだけに集中してしまうこともあれば、組織からチームに集中することを期待され、大きな阻害要因を他の人や外部の専門家に任せてしまうこともある。

探すべきサイン

- 複数のチームに共通する阻害要因を克服するために、スクラムマスターが集まって何かをすることはない
- スクラムマスターの職務記述書には、チームに対する責任が特に強調されており、それ以上のことは何も書かれていない
- アジャイルコーチとエンタープライズコーチには、スクラムチームを取り巻く環境を支援する責任がある
- スクラムマスターは、経営陣と阻害要因に取り組む調整をしていない

　それでは、スクラムマスターはどうすれば組織全体を変えることができるのだ

ろうか。おそらく 1 人ではできない。だからこそ、他のスクラムマスターはもちろんのこと、そもそもの味方であるプロダクトオーナー、開発チーム、ステークホルダーと協力するのだ。彼らは、自分のチームと他のチームの両方に時間を使い、チーム間の自己組織化を促進する。スクラムマスターはそれぞれ異なるため、チーム間や経営陣との作業にたくさん時間をかける人もいれば、自分のチームとの作業で満足する人もいる。クロスファンクショナルチームのように、組織内のスクラムマスターコミュニティは、チームレベルと組織レベルの両方の変化を推進するスキルが必要だ。また、経験豊富なスクラムマスターは、経験の浅いスクラムマスターを教育し、支援することができる。

　スクラムマスターが組織全体に変化を推し進める方法は、状況によって異なる。それは、チーム（の代表者）が重要な指標を理解し改善のための戦略を考え出すために、センスメイキングワークショップ[*4]を行うこともあるし、スクラムがどのように使われているかを見学するために、他社を訪問することもある。長いサイクルタイムや品質の低いコードなど深刻な課題について意図的に透明性を作り、チームに検査と適応を促すこともできる。

　いずれにしても、経験豊富なスクラムマスターの採用や社内のスクラムマスターコミュニティのスキル向上にもっと投資をすると、外部の専門家やコーチの必要性を減らせるだろう。

改善するために、チームで次の実験を試してみよう（第 12 章参照）。

- 何が起きているか観察する
- 阻害要因を話し合うスクラムマスターの集いを開催する
- 統合も自律も高める行動を見つけ出す
- オープンスペーステクノロジーで現場での解決策を作る

[*4]　（訳者注）センスメイキング＝意味付け。想定していなかった事象や経験を意味付けし、納得して、これを集約して方向性をそろえるプロセスを指す。

ゾンビスクラムでは、ゴールがないか、押し付けられている

　十分な自律性があったとしても、自己組織化を方向付ける明確なゴールがないと、チームや人はバラバラな方向に進んでしまう。これはゾンビスクラムでよく発生し、関係者全員にとって大きな不満の原因になる。

探すべきサイン

- チーム内やチーム間において、スプリントの作業調整に役立つ明確なゴールがない
- スプリントゴールがあったとしても、そのゴールを達成するとステークホルダーにどのような恩恵があるのか、チームは確かな言葉で説明することができない
- スプリントバックログの自分が担当するアイテムに取り組んでいることがほとんどだ。作業で問題が発生しても、ほとんど他の人の助けを借りずに解決している
- スクラムチームは、たとえ同じプロダクトに取り組んでいたとしても、他のスクラムチームが何をしているかを知らない

　すべての組織が直面する主な課題の1つが、向いている方向を合わせることだ。従来の管理では、チームや部署、従業員の仕事が、組織で定められた計画や目的、戦略に沿っていることを確実にすることが、管理職の主な仕事とされてきた。例えば、複数のチームが1つのプロダクトに取り組んでいる場合、管理職は毎週の進捗報告や会議で何が起こっているかを把握し、何を始めて何をやめるかを決定する。重要になった他の作業をチームに依頼することもある。これは一見効率的に見えるが、管理職がボトルネックになってしまう。管理職は、現場で起きていること、ユーザーが体験している問題、チームが目にしている潜在的なビジネスチャンスなど、最新の情報を知らないかもしれない。これでは、管理職や組織全体が、環境の急激な変化に対応するのは難しい。さらに、管理職が向いている方向を合わせる責任を負うということは、管理職の創造性や知性、経験がそ

の達成を左右するということでもある。

　自己管理チームは、作業を調整し、チーム内およびチーム間の自己組織化を促進するために、これとは異なる仕組みを使う。専任の役割（管理職）や標準化された構造（階層や方針）の代わりに、人を奮い立たせるゴールと惹きつける目的によって自己調整を行う。

　共有されたゴールは、自己組織化への道を外さないように導くものとして機能する。素速い意思決定と作業者の知識の活用を促進するために、プロダクトに関するゴールはスクラムチーム自身が設定すべきである。スプリントゴールはよい例だ。明確で価値のあるスプリントゴールが設定できると、ゴールを達成するためにスプリントバックログの何が最も重要なのかを判断するのに役立つ。それは、メンバーがゴールを妨げているものを発見したとき、チームは一歩下がって、前進するための最善の方法やスプリントバックログを適応させる方法をじっくり考えるよい機会になる。また、スプリントゴールとは別に、スクラムチームは技術的なゴールや改善のゴールを併せて設定することもできる。プロダクトの戦略や中間ゴールは、プロダクトオーナーがステークホルダーと連携して設定すべきだ。これらを併せて行うと、スクラムチームの能力を最大限に高めることができ、プロダクトに影響を与える変化に素速く対応し、作業の価値を最大化できるのだ。

　ビジネス目標や戦略的ゴールなどの上位のゴールは、おそらく経営陣など他の人が設定するだろう。しかし、経営陣などが設定するゴールであったとしても、作成に全員を巻き込むことで、ゴールに対する支持が高まり、多くの視点を取り入れることができる。また、なぜそのゴールがあるのかを理解することで、望ましい方向に自己組織化しやすくなるのだ。

改善するために、チームで次の実験を試してみよう（第 12 章参照）。

- パワフルクエスチョンでもっとよいスプリントゴールを作る
- 自己組織化のための最小限のルールを見つける
- 統合も自律も高める行動を見つけ出す

ゾンビスクラムでは、作業環境を外部記憶として使わない

チームが作業環境を外部記憶として使うと、自己組織化は次第に容易になっていく。しかし、ゾンビスクラムが蔓延している環境で働くスクラムチームは、作業環境を上手く使えないことが多い。このことが、自己組織化の重要な型である「スティグマジー（stigmergy）」を妨げる。

> **探すべきサイン**
>
> - スクラムチームに物理的なスクラムボードがない。組織のガイドラインでは、同じデジタルツールの使用がすべてのチームに義務づけられている
> - チームは壁に大事な情報を貼ることが許可されていない。「クリアデスクポリシー」が壁にも適用されている
> - チームメンバー間のコミュニケーションは、主に Slack や電子メールなどのデジタルツールで行われている。周りに集まって会話をするような、物理的な情報ラジエーターはない

スティグマジーは、生物学者のピエール＝ポール・グラーセ（Pierre-Paul Grassé）がシロアリのコロニーで初めて発見した[40]。シロアリはそれぞれが発達した知能を持っていないが、巨大で複雑な巣を作る。シロアリがフェロモンを注入した泥団子を作り、最初はバラバラな場所に置くことから巣作りは始まる。他のシロアリたちはフェロモンを嗅いだ場所に同じような泥団子を置き、次第に同じ場所に泥団子が集まる。泥団子の山が大きくなると、好循環が起き、ますます他のシロアリたちを惹きつける。

スティグマジーは、あるエージェント（ヒト、アリ、ロボットなど）が次に何をすべきかを明確にする痕跡を環境に残し、続いてやってきた別のエージェントが直接コミュニケーションや制御することなしにそれを実行する場合に起こる。

人間の組織では、ウィキペディアやオープンソースプロジェクトがスティグマジーの例だ[41]。個人が小さな作業を行い、痕跡（コミット、アイデア、バグレ

ポート）を残し、それを別のボランティアが拾う。一緒に、フリーの百科事典や
高度なソフトウェア、複雑なフレームワークを、誰にも指示されることなく構築
することができる。複雑な作業の調整に、直接的なコミュニケーションは必要な
い。環境に残された痕跡の質とアクセスのしやすさが、その後の行動の質と自己
組織化の程度を決めるのだ。痕跡は、基本的に次の行動、すなわち「自発的で間
接的な協調行動（stigmergic action）」がすぐわかるほど具体的でなければなら
ない[42]。

　自発的で間接的な協調行動は、スクラムチームが作業を調整するための重要な
メカニズムだ（図 11.4 参照）。プロダクトバックログやスプリントバックログ、
インクリメントは、これまでに行われた、あるいはこれから行われる作業の痕跡
である。スプリント期間中、スプリントバックログの次のアイテムが明確で洗練
されていればいるほど、直接コミュニケーションを取らずとも、チームは作業を
簡単に調整できる。また、スクラムチームが継続的インテグレーションを通じて
作業を同期するときにもそれは起きる。壊れたビルドや失敗したデプロイが、終
わらせるべき作業を示すのだ。また、自動テストにおいても失敗したテストが修

図 11.4: 文字どおり、一緒に仕事をした痕跡に囲まれていると、コラボレーションや
お互いの作業の積み重ねがずっと簡単になる

正すべき問題を示しているため、自発的で間接的な協調行動を促す。壁に明確な
スプリントゴールが貼ってあると、何が重要で何が重要でないかをスクラムチー
ムが見分けることができ、自発的で間接的な協調行動へとスクラムチームを方向
付けることができる。

　残念ながら、ゾンビスクラムはスティグマジーを遮ることが多く、物理的な環
境が外部記憶を強化しないのだ。例えば、チームは、部屋の壁にスプリントバッ
クログを貼る代わりに、会社が定めたデジタルツールを使わなければならない。
スプリントレトロスペクティブのアクションアイテムは、メールや誰かの引き出
しの中に入ってしまい、壁にわかりやすく貼り出されることはない。アーキテク
チャ図は、デジタルのフォルダーに保存され、可動式のホワイトボードに描けな
い。重要な指標は、プロダクトオーナーのみがアクセスできるデジタルのダッ
シュボードに記録される。デジタルツールが悪いというわけではないが、ログ
インや仮想フォルダーの陰に痕跡が隠れて見えにくくなり、簡単にスティグマ
ジーは遮られる。痕跡を見つけるためには、積極的に探さなければならないの
だ。アーキテクチャ図はネットワーク上の決められたフォルダーに保存され、ス
プリントバックログはブラウザのタブの中に埋もれ、前のスプリントの改善案
は2日前に送られたメールの中にある。これでは痕跡を殺してしまっている。起
こっているまたは起こるべき作業で、チームを物理的に囲むことが、チーム内や
チーム間の自己組織化を促進するのだ。

改善するために、チームで次の実験を試してみよう（第12章参照）。

- 物理的なスクラムボードを使う
- 何が起きているか観察する
- パワフルクエスチョンでもっとよいスプリントゴールを作る

ゾンビスクラムでは、標準化が妨げになっている

　自己管理チームは、仕事の進め方を決める自律性が従来のチームよりも高い。
そのため、効率主義（第4章も参照）の「チームごとに違うやり方で仕事すると

混乱する！」や、「何度も車輪を再発明するのは本当に非効率だ！」「カオスになる！」などの強い意見を招くことがある。同じ問題に対する複数の解決策は、標準化された1つの解決策より効率が悪いという信念が根底にあるのだ。しかし、ここに2つの重要な問いがある。

1. チームが異なる選択をすることがなぜ問題なのだろうか。すべてのチームは異なり、そして少なくともわずかに異なる環境に直面している。あるチームの問題解決策は他のチームとは異なるかもしれない。しかし、各チームで効果的であるなら、それで何が問題なのだろうか

2. 各チームが生み出す結果の最大化を望む気持ちよりも、なぜ、標準化、一元化、統一化した解決策を望む気持ちのほうが優先されるのだろうか

探すべきサイン

- スクラムチームは、チーム外の誰かの承認なしにツールやプロセスを変更できない
- すべてのスプリントで、スクラムボードの「Waiting」列に多数のアイテムがある。このアイテムを「Done」列に移動するためには、標準的な手順により、プロダクトに直接は関係しない誰か（他のチーム、部門、サプライヤーなど）が、実行したり承認したりする必要がある
- スクラムチームは、組織が設定した既定のポリシーに従う必要があるため、物理的またはデジタルなワークスペースを変えられない
- スクラムチームは、ユーザーストーリーの書き方やストーリーポイントを用いた見積もりなどの標準プラクティスや、標準ツール、技術に従う必要がある
- スクラムマスター、開発者、プロダクトオーナーの職務記述書は標準化されており、コンテキストを考慮していない

標準化の度合いが高い環境では、スクラムチームは、身近で起きていることに応じた現場での解決策を考え出す力に制約を受ける。標準化された解決策やツー

ル、構造、プラクティスが環境の変化に応じて上手く機能しない場合は、チーム、さらには組織全体にまで影響が及ぶ。

　このような標準化はシステム全体を突然の変更に対して明らかに脆弱にしてしまう。すべてのチームが使う技術スタックの 1 つに、パッチ適用不可能な深刻なセキュリティホールが突然発覚したらどうだろう。また、すべてのチームにユーザーストーリーを書くことが義務づけられており、それが意味をなさない分野で働いているチームが非常にフラストレーションをためているとしたらどうだろう。高度な専門技術を持つ人が、突然、競合他社に転職してしまったらどうだろう。

　標準化ではなく、解決策、職務、プラクティス、構造の変動性によって、組織は急激な変化に対する反脆弱性を高めることができる（第 10 章参照）。変動性は、問題が組織のあらゆることを混乱させてしまう可能性を減らすのだ。また、変動したそれぞれは、基本的に異なる成果をもたらす実験であるため、ダブルループ学習の効果もある。この種の冗長性は、無駄のように見え、非効率に感じるかもしれない。しかし、ナシーム・タレブは、「冗長性は..（中略）.. 特別なことが起こらなければ無駄のようなものです。普通でないことが普通に起こることを除けば」と言っている[34]。複雑な環境では、冗長性は競争優位性となるのだ。

　自己組織化する余地があれば、解決策の変動性はおのずと生まれる。自己管理チームに現場での解決策を考え出す自律性があれば、反脆弱性は付いてくる。それと同時に、成功したアプローチをチームに共有することで、他のチームがそこからインスピレーションを得ることができるプラクティスが整う。コードライブラリ、現在進行中の変化への取り組み概要、社内ブログ、革新的な解決策のための定例のマーケットプレイス*5 などは、チームが知識を積極的に共有するのに役立つほんの一例にすぎない。

改善するために、チームで次の実験を試してみよう（第 12 章参照）。

- 統合も自律も高める行動を見つけ出す

---

*5　（訳者注）マーケットプレイスは、参加者が持ち寄った課題を同時に議論するワークショップのことを指す。第 12 章で紹介する OST や、リベレイティングストラクチャーのシフト＆シェア（Shift & Share）はマーケットプレイスの一形態である。

- ルールを壊す！
- 助けてほしい気持ちをはっきりと言葉にする
- 阻害要因を話し合うスクラムマスターの集いを開催する
- パーミッショントークンで自律性の低さによるコストを可視化する

健全なスクラム：自己組織化とはどのようなものか

ほとんどの場合、ゾンビスクラムは作業とその阻害要因を自己管理する能力が制限されているときに始まる。この本で取り上げた多くの問題は、そのような状況で発生するのだ。スクラムチームは、速い出荷、ステークホルダーが必要とするものの構築、継続的な改善を難しくしている要因を、たいていは痛いほどわかっている。しかし、そのような阻害要因を除去する権限がなく、支援もない中で、チームがゾンビスクラムに閉じこもってしまうのは無理もない。

ここでは、健全なスクラムチームがどのようなものであるかを見ていく。自己組織化とはどのようなものだろうか。彼らはどのように仕事を自己管理するのだろうか。スクラムチームは、どのように互いに協力して組織全体の変革を推進するのだろうか。スクラムマスターや管理職の役割は何だろうか。

スクラムチームはプロダクトに対する自律性を持つ

健全なスクラムチームは、プロダクト自体と、そのための作業をいつ、誰が、どのように行うかを決定する完全な自律性を持っている。スクラムチームの中では、プロダクトオーナーはプロダクトの「何を（What）」、開発チームは「どのように（How）」に対する決定の自律性をそれぞれ持っている。プロダクトオーナーには、プロダクトビジョンや立てた戦略にもとづき、プロダクトバックログの中身と順序に対する最終的な決定権がある。開発チームには、1 回のスプリントの範囲内で、作業のやり方と作業量に対する最終的な決定権がある。

スクラムチームに完全な自律性があるからといって、他を無視して好き勝手にできるわけではない。ここで参考になるのが、「統制の所在」という概念だ[43]。

チームがプロダクトに関する意思決定をする場合は統制の所在が内側にあるが、意思決定される場合は外側にある。統制の所在が内側にあっても、ステークホルダーや他のスクラムチーム、関連部署、経営陣と密に連携して仕事を進める。内側の統制の所在には、成功でも失敗でも意思決定の結果に責任が伴う。

　全体概要を表 11.1 に示す。自分たちの給料を決めたり、チームとしての損益のバランスを取ったり、チーム内で人事評価を行ったりするなどの自己管理は、この統制の自然な延長線上にあるかもしれないが、必須ではない。同じように、プロダクトオーナーの中には、プロダクトの予算を設定する権限を持っている人もいるだろう。それは非常に役に立つが、予算権限は必須ではない。プロダクトオーナーが最小限持つべきは、割り当てられた予算の使い方に対する自律性だ。

　複数のスクラムチームで 1 つのプロダクトに取り組んでいる組織は多い。このとき、仕事を複数のチームで分けるかどうか、またその方法は、スクラムチーム

表 11.1: スクラムフレームワークの主要分野における統制の所在と説明責任

統制の所在／役割	スクラムチーム	プロダクトオーナー	開発チーム	スクラムマスター
プロダクトの戦略を定める		○		
完成の定義を定める	○			
スプリントゴールを定める	○			
スプリントバックログに何をどのような順番で入れるか			○	
プロダクトバックログに何をどのような順番で入れるか		○		
プロダクトバックログアイテムをどのように作業するか			○	
開発チームメンバーを決定する			○	
開発チームが自力で解決できない阻害要因を解決する				○
経験的に働くためにスクラムフレームワークの完全性を維持する				○

が決定する。チームを増やすと、複雑さも増すのは当然だ。プロダクトオーナーは、自分の仕事を複数のスクラムチームに分ける方法を見つけなければならなくなる。スクラムチームは、スプリントごとに作業を統合した、完成したインクリメントを作成しようとするため他のチームとの依存度が高くなる。

　健全なスクラムチームは、自分たちの仕事をスケールするための最善の方法を一緒に考える。彼らは、既製のスケーリングフレームワークに飛びついて学習プロセスを短縮することはない。どこに阻害要因があり、なぜそれが起きているのかを特定することで、ダブルループ学習を行うのだ。あるケースでは、スプリントごとのリリースを技術スタックが妨げているかもしれない。別のケースでは、スムーズな調整を容易にするため、チームの共同作業場所から恩恵が得られるかもしれない。上手い解決策は、ダブルループ学習から生まれる。例えば、プロダクトが小さなプロダクトやサービスに分割でき、1つのプロダクトに多くのチームが取り組む複雑さを軽減できることを、スクラムチームが見つけるような場合、あるいは、継続的デプロイパイプラインに投資を決め、複数チームの作業を統合してリリースしやすくするという場合だ。

　自己管理とダブルループ学習が、自己組織化を現実のものにするということだ。自律的なスクラムチームは、管理職や外部のコンサルタントに言われたことをするのではなく、出くわした問題に対して自分たちでルールや構造、解決策を作り出すのだ。

管理職がスクラムチームを支援する

　スクラムマスターだけでなく管理職は、自己管理とその結果としての自己組織化を支援する極めて重要な役割を果たす。管理職は支援的にも破壊的にもなりうるのだ。健全なスクラムの環境では、管理職がトップダウンの統制や既製のフレームワーク、標準化された解決策によって他と合わせることを強制することはない。その代わりに、もっと大きな戦略的ゴールを設定することに注力し、スクラムチームがそのゴールからプロダクト固有のゴールを導き出せるようにする。例えば、ユニットテストのカバレッジ100%を義務付けるのではなく、プロダクトの品質に対する顧客満足度の25%向上をゴールに設定する。また、新しいステークホルダーのために何をプロダクトバックログに入れるべきかを決めるので

はなく、6 ヶ月以内に新市場に参入するというゴールを設定する。あるいは、既製のフレームワークやプラクティスの遵守を強制するのではなく、より効果的になるために必要なことをチームが求めるのを奨励し、チームが必要なことを支援する。

　スクラムマスターと同様に、管理職は自己管理と自己組織化を支援する存在だ。意思決定でチームを導くのではなく、スクラムチームが自分たちで物事を決定できる環境を作ることで導くのだ。

「新人くん、自己組織化は川のようなものなんだ。堤防や水門、岩で制約を受ければ受けるほど、どうしても障害物を迂回しなきゃいけなくなって流れにくくなるんだよ」

次はどうしたらいいんだ？

　この章では、自己組織化とは何か、それが自己管理チームによってどのように実現されるのかを見てきた。ありがちな抽象的な概念ではなく、突然の変化がすべてを混乱させうる複雑で不確実な環境において、自己組織化がいかに重要な生存戦略であるかを説明した。また、自己組織化の程度が（あまりにも）低いことを見分けるのに役立つよくある症状についても見てきた。潜在的な原因は数多くあるが、その中でも最も重要なものを取り上げた。

　しかし、自己組織化の程度が低い場合、何ができるだろうか。この章で取り上げた原因の多くは、あなたの手に負えないかもしれない。次の章では、それでも変化を起こすための実用的な実験を紹介する。

第12章
実験

文化とは、生前にやってきたことを繰り返す、よろよろと歩くゾンビのようなものだ。体の一部がもげても、それに気づくことはない。

——アラン・ムーア（漫画家）

この章では

- 自己組織化を育成し促進するための 10 の実験を見ていこう
- ゾンビスクラムを生き抜くために、実験がどのような影響を与えるのかを学ぼう
- それぞれの実験の進め方と、気を付けるべき点を知ろう

この章では、実用的な実験を紹介する。チームが自己管理するための余地をさらに作り出す実験や、チームと組織全体の自己組織化を育成し促進するための実験だ。実験の難易度はさまざまだが、それぞれの実験を行うと、その後のステップが楽になるだろう。

自律性を高める実験

ここでの実験は、チームの自律性が高まるように、または少なくとも自律性の欠如が可視化されるように設計されている。自己組織化は、チームが自分たちの解決策を考え出せる自律性を持てると上手くいくことが多い。

パーミッショントークンで自律性の低さによるコストを可視化する

　チームの自律性はチーム外の人への依存が増えるにつれて低下する。依存関係は、スクラムチームがチーム外の誰かに何かをしてもらう必要がある場合など明示的なものもあれば、暗黙的なものもある。進捗させるためにチーム外の人に許可や承認を求める必要があるというのは、わかりやすい例だ。この実験は、どこで、どのくらいの頻度で許可が必要なのかを可視化するためのものだ（図 12.1 参照）。

図 12.1: スクラムチームに対するあらゆる制約を考えもせず、彼らの起こす奇跡を期待しがちだ

労力／インパクト比

労力	★★☆☆☆	この実験に必要なのは、ビンとトークン、スプリントレビュー中の数分の時間だけだ
サバイバルに及ぼす効果	★★★★☆	最悪のゾンビ化環境でも、自分でコントロールしている感覚を取り戻すと安心できる

手順

この実験を試すには、次のように進めよう。

1. 透明の空きビンか容器を見つけてチームの部屋に置く。スプリントバックログの近くがよい

2. チーム全員にパーミッショントークンの束を渡す。ビー玉、レゴブロック、マグネット、付箋など何でもよい。許可の種類によって違う色を使おう。例えば、リリースする許可、スクラムボードの別の列にアイテムを移動する許可、ツールや環境を変更する許可などだ。シンプルさを保つために許可の種類は 5 種類までにすることをお勧めする

3. スプリント中、スクラムチームの誰かがチーム外の誰かに許可を求める必要がある度に、パーミッショントークンをビンに入れる。例えば、外部のアーキテクトがアイテムの完成を承認する必要がある、あるいはプロダクトオーナーが外部の管理職とアイテムを精査する必要がある、付箋の購入に総務部の許可の必要がある、外部のシステム管理者に設定変更してもらう必要があるなどだ。許可が必要な場合だけでなく、特定のアクションの実行にチーム外の誰かが必要になる場合もパーミッショントークンをビンに入れる

4. スプリントレビューで、ステークホルダーと一緒にビンの中のトークンの数を数える。「これは、その場で素速く適応し最も価値あることを行うのにどう影響しますか？　どこをシンプルにできますか？」この質問を、まずは個人で静かに考え、次にペアで 2 分間、そしてさらにペアどうしでペアになり 4 分間考えてもらう。最も際立った改善案をグループで見つけよう。スプリントレトロスペクティブは、改善案を深掘りする絶好の機会だ

私たちの発見

- 色の分け方として、チームのメンバーそれぞれが別の色を使うこともできる。こうすることで誰が最も頻繁に許可を必要としているのかがわかる

- 組織のお役所仕事度合いに注目したいなら、顧客やユーザー、またはプロ

ダクトに多大な資金や時間を投資している人物など、直接的なステークホ
ルダーからの要求には、パーミッショントークンを追加しないほうがよい
- この章で紹介している実験「ルールを壊す！」は、許可の要求が問題にな
る箇所、正しいことをする際に妨げになる箇所を調べるのに最適だ

統合も自律も高める行動を見つけ出す

　自己管理型のスクラムチームがいる組織では、スクラムチームは、チーム外
との統合を続けると同時に、自分たちの自律性とのバランスを取るという難題
に直面する[*1]。この両面はどちらも同じように望ましいものであり、単純にどち
らか一方を選択できない「やっかいな質問」と呼ばれるものに直面することに
なるのだ。この実験は、振り子を一方に振り切るようなものではなく、どちら
も支持する方法を見つけるためのものだ。この方法は、グループが「二者択一
（either-or）」思考から「イエス・アンド（yes-and）」思考に移行するのを助ける。
この実験と対応するワークシート（図 12.2 参照）はリベレイティングストラク
チャーの「統合と自律（Integrated~Autonomy）」[1]にもとづいている。

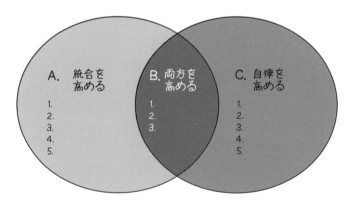

図 12.2:「統合と自律」のシンプルなワークシート[1]

[*1]（訳者注）https://www.liberatingstructures.com/29-integrated-autonomy/ にわかりや
すい例がある。例えば、「政治家のグループが、何を連邦レベルで法制化し、何を地方で決定
すべきかを策定しようとしている場合」などだ。

労力／インパクト比

労力	★★★☆	この実験には、グループがデッドロックから抜け出すのに役立つ、しっかりしたファシリテーションとパワフルクエスチョンが非常に有効だ
サバイバルに及ぼす効果	★★★☆	自律と統合は相反しないということが理解され始めると、両立が可能になる

手順

1. スクラムチームの自律性の向上やチーム外で行われる作業の統合に、関係のある人たちを招待する。スクラムチーム、スクラムチームが依存しているまたは依存されている部門、および管理職が含まれる

2. 自律と統合の間の葛藤を顕在化するところから始める。「スクラムチームにとって、自律を望む気持ちと統合を望む気持ちとの間で、仕事上のどのような葛藤がありますか？」と質問する。まずは個人で 1 分間静かに考えてもらい、その後ペアで 2 分間アイデアを共有してもらう。グループ全体で 5 分間、際立った例をメモしておく。例えば、スクラムチームがスプリントバックログに対して持つ自律性と、スプリント中に発生したチーム外の人からの緊急課題に対応する必要性との間には葛藤が存在する。また、プロダクトオーナーがプロダクトバックログを並び変える自律性と、企業戦略に沿わせ続ける必要性との間には葛藤が存在する。さらに、スクラムチームがツールを自分たちで選択することと、企業環境で安全なツールを義務づけられることとの間にも葛藤が存在するなどだ

3. 次に統合を高める行動を探る。参加者に図 12.2 に示す「統合と自律」のワークシートを使ってもらう。このワークシートには 3 つの欄があり、（A）統合を高める、（C）自律を高める、（B）両方を高めるのいずれかに繋がるアイデアを書けるようになっている。まず左側（A）に注目して、「どんな行動が、スクラムチームの活動と周りでの出来事との統合を高めますか？」と質問する。まずは個人で 1 分間静かに考えてもらい、その後 4 人のグループになり 5 分間でアイデアを共有してもらう。10 分間で共有されたアイデアの中で最も際立った行動をワークシートの左側（A）に

　　書き留める

4. 続いて、自律を高める行動を探る。「どんな行動が、スクラムチームの自律を高めますか？」と質問する。まずは個人で 1 分間静かに考えてもらい、その後 4 人のグループになり 5 分間でアイデアを共有してもらう。10 分間で共有されたアイデアの中で最も際立った行動をワークシートの右側（C）に書き留める

5. これで、やっかいな質問のそれぞれに対する行動が書けた。次にグループがイエス・アンド思考に移行するのを助ける。「統合と自律の両方を高める行動はどれですか？」と質問する。まずは個人で 1 分間静かに考えてもらい、その後 4 人のグループになり 5 分間でアイデアを共有してもらう。10 分間で共有されたアイデアの中で最も際立った行動をワークシートの真ん中（B）に書き留める

6. これで、両方に役立つ行動を特定する経験ができた。そこで、すでに書き留められている行動を調べ、真ん中に移動できるかを確かめる。「ワークシートの左右にある行動で、統合と自律の両方を高めるために工夫して変えられるものはどれですか？」と質問する。まずは個人で 1 分間静かに考えてもらい、その後 4 人のグループになり 5 分間でアイデアを共有してもらう。10 分間で共有されたアイデアの中で最も際立った行動をワークシートの真ん中（B）に書き留める

7. 統合と自律の両方を促進する自分たちの能力に合わせて行動に順序を付け、最もインパクトの強いものに対して 15% ソリューションを見つける（第 10 章参照）

私たちの発見

- わかりやすく具体的な行動を考えるのは難しい。抽象的なアイデアや（「もっとコミュニケーションを」のような）ありがちな言葉を超えるために、「あなたならどうしますか？」や「ここではどうなりますか？」と問いかけ続けよう

- グループが大きいのであれば、4 人のグループごとに手順の 2 で出した葛藤を担当してもらうとよい。その葛藤の観点で、グループでワークシート

全体を書き出そう

- 統合と自律を、他のやっかいな課題に置き換えることができる。例えば、変化にできるだけ素速く対応することと、大きなミスを防ぐこととの間にも葛藤が存在する。標準化とカスタマイズの間にも葛藤が存在する。最も意味のあるやっかいな課題に取り組もう

ルールを壊す！

　組織がルールを作るのには、それなりの理由がある。通常は、ミスを防いで会社とそこで働く人を害から守ることを目的にしている。しかし、ミスの中にはそれを防ぐルールを作る程ではないものもある。多くのスクラムチームは、ルールに妨げられ、自己組織化できず、組織の利益を最優先に行動することができない。この実験は、どのルールが重要なのかテストするためのものである。大きな会社ではリスクが高そうに思われるが、私たちが準備を手伝おう。

労力／インパクト比

労力	★★★★★	この実験には、大胆さと慎重さが同時に必要だ。やり過ぎは望ましくない結果になりうる
サバイバルに及ぼす効果	★★★★☆	成功すれば、この実験はよい前例を作り変化の波を引き起こす可能性を秘めている

手順

　この実験を試すには、次のように進めよう。

1. スクラムチーム全員を集める。そして、ルールで禁止されている行動の中で、組織やステークホルダーに明らかな恩恵をもたらすもの、または、チームをより効果的にするものを特定する。例えば、他のチームのコードベースにあるバグを修正したり、担当の管理職の許可を得ずに変更を承認したりできると、チームが問題に遭遇したときに誰かに作業を引き渡すことなく、すぐに問題を解決できるかもしれない。この章の「パーミッショントークンで自律性の低さによるコストを可視化する」は、より多くのルールを見つけるのに最適な実験だ

2. そのルールを破ったらどうなるかを話し合う。どんな結果になるだろうか。その結果は手段を正当化するものだろうか。もし他のチームがこのルールを同じように無視したら組織はどうなるだろうか

3. ルールを破りトラブルになった場合に対処できる案を考えておく。自分たちの行動をどのように正当化するのだろうか。丁寧なメールを送ったり、お詫びの菓子折りを持っていくなど、事前に怒りを和らげる方法はあるのだろうか

4. 行動が組織の利益を最優先したもので、リスクが許容できると確信している場合はルールを破る。確信がない場合はルールを破ってはいけない

5. 成功したらチームを集めて、ルールを変更できるかどうか、また、どのように変更するかを話し合う。なぜそのルールが時代遅れなのかを示す事例として、自分たちがとった行動が使える。第 10 章の「阻害要因ニュースレターを組織内で共有する」や「公式・非公式のネットワークを利用して変革を促す」のような実験は、事例を伝え、ルール変更に着手するのに役立つ

私たちの発見

- この実験のゴールは、みんなの仕事を混乱させ、害をなす反抗的なチームを作ることではなく、成功を妨げる時代遅れのルールに挑戦することだ。組織の利益ではなくチームの利益だけを考えた行動を選択してはいけない
- 個人や組織に長期的な害をもたらしてはいけない。単にルールを破るのではなく、ルールに疑問を投げかける刺激の少ない方法を選ぼう

自己組織化を促進する実験

　作業者が現場での課題を解決しようと自分たちのルールや作業のやり方を作り出すときに、自己組織化が起こる。現場での解決策は、チームが直面している課題に即しており、他の人が考えたものやコピーしてきたものよりも機能する可能性が高い。しかし、自分たちの決断力に自信を持つまでは、多くの場合、チームは質の高い現場での解決策を考え出すのに苦労する。ここでの実験は、チームの

自信を高めてくれるものだ。

自己組織化のための最小限のルールを見つける

　第 11 章で見てきたように、自己組織化とは、自己管理する複数のチームが協力するときに、ルールが自然に生み出すプロセスのことだ。ルールは、必要性の低いものが多数あるよりも、必要性の高いものが少数あるほうがよい。この実験によって、必要性の高いルールを識別しやすくすることができる。この実験は、リベレイティングストラクチャーの「最小限のスペック（Min Specs）」[1] にもとづいている。

労力／インパクト比

労力	★★★★☆	この実験には、しっかりしたファシリテーションとスクラムチームの作業に関わるすべての人を巻き込む努力が必要だ
サバイバルに及ぼす効果	★★★★★	鳥の群れは、少しのルールに従うことで空中に美しい形を作り出せる。同じことが複数のスクラムチームとその連携にも当てはまる

手順

　この実験を試すには、次のように進めよう。

1. 同じプロダクトに取り組んでいるすべてのスクラムチームを招待する。さらに、チームが依存している人たちや、ステークホルダー、経営陣、関連部署など、チームの作業から恩恵を得る人も招待する。みんなが集まる目的は、スクラムで成功するために従わなければならないルールを明確にすることだ

2. タイムボックスは 2 時間もあれば十分だ。「スプリントごとに 1 つに統合され完成したインクリメントを届けるためには、私たちが協力して作業することに必要不可欠なルールは何だろうか」と課題を明確にしておく

3. 全員に 2 分間で、課題の達成に必要なルールを大小問わず書き出してもらう。「私たちは、○○しなければならない」「私たちは、○○をしてはいけない」といった形で書く。次に、小さなグループ（3〜5 人）で 15 分間、

書いたルールを1つの長いリストにまとめてもらう。これが「最大限のスペック」だ。アイデアを共有するために、全員に5分間で例をいくつか発表してもらう

4. 課題を繰り返し全員に伝え、思い出してもらう

5. グループで作成したリストに軽く目を通してもらう。ルールを破ったり無視したりしても課題の達成は可能だろうか。ルールを課題に照らし合わせ、個人で2分間静かに確認する。次にグループで15分間、考えを共有し、ルールを最小限にまで減らしてもらう。破ったり無視したりしても、課題の達成を邪魔しないルールは削除する。さらに、行うことが不明確なルールは、削除または見直す（例えば、「もっとコミュニケーションをとらなければならない」や「信頼できる環境で仕事をしなければならない」など）。残った「最小限のスペック」を集めて、共有し合う

6. 集めた「最小限のスペック」をさらに減らせると感じるなら、再度ルールの削除をしてもよい。その場合は、集めた「最小限のスペック」全体を各グループで検討してもらい、同じ手順を繰り返す

7. 最終的な「最小限のスペック」は、コラボレーションに不可欠なルールとして記録する。この実験を定期的に繰り返し、ルールを更新する。引き続き、この章の実験「助けてほしい気持ちをはっきりと言葉にする」を行うことで、ルールに関わる人たちのニーズを明確に表すことができる

私たちの発見

- チームは多くのルールを出したくなるものだ。ルールを最小限にするのが目標だが、これは思っているより難しい。私たちは、このエクササイズで3〜5のルールを策定するのが適切だと考えている。必要不可欠なルールとは、とても重要で、かつ違反したときにすぐ動き出せるくらい具体的でなければならない

- リベレイティングストラクチャーの「最小限のスペック」は、グループがコラボレーションのルールを特定するのにぴったりだ。「経営陣として、スクラムチームを支援するには、どのようなルールを守る必要があるだろうか」「スクラムチームとして、すべてのスプリントでスプリントゴール

を首尾よく達成するには、どのようなルールを守る必要があるだろうか」
といった課題に適用することができる

助けてほしい気持ちをはっきりと言葉にする

　誰も対応してくれないと文句を言うのは簡単だ。しかし、あなたの要求はどれ
だけ明確だったのだろうか。それに対する実際の対応はどれだけ明確だったのだ
ろうか。成功するために他の人に求めることをはっきりと言葉にするのは簡単で
はない。また、そのような要求を受けたときに明確な対応をするのも簡単では
ない。

　曖昧なコミュニケーションは不満や非難に繋がりやすい。それでは上手くいか
ない。自己管理するチームが成功するためには他の人からの協力が多く必要だか
らだ。この実験は、チームが助けてほしい気持ちをはっきりと言葉にする機会
と、受けた要求に対して明確に回答する機会を与える。そして、影響が長く続く
効果的なコミュニケーションの仕方を確立する。この実験は、リベレイティング
ストラクチャーの「私があなたに求めるもの（What I Need from You)」[1] にも
とづいている。

労力／インパクト比

労力	★★★★☆	この実験には、しっかりしたファシリテーションが必要だ。この実験がよい意味で現実を突きつけるため、緊張感を味わうだろう
サバイバルに及ぼす効果	★★★★☆	この実験はすぐに役立つだけでなく、組織内のコミュニケーションに長く影響を与えることができる

手順

　この実験を試すには、次のように進めよう。

1. すべてのスクラムチームに加え、完成したプロダクトインクリメントのリ
　リースに直接的、間接的に関わる部門の人たちを招待する。保守やインフ
　ラ、人事、マーケティング、経営陣も含まれる。各部門が成功するために

必要なものを周囲に求めることが目的であることを説明しよう。その要求に応えられるかどうか明確な反応を得られるだろう

2. 普段働いている部門で同じグループになってもらう。スクラムチームのグループ、人事部のグループなどだ

3. 各部門のグループにどうしても必要なことのリストを作ってもらう。最初に個人で 1 分間、次にペアで 2 分間、4 人のグループになって 4 分間で必要なことを出してもらう。最後に各部門のグループで 10 分間、リストを上位 2 つに絞り込んでもらう。必要なことは、特定のグループ宛てに「私があなたに求めるものは○○です」という形で書く。そして、グループの規模によるが 5〜10 分程度、話し合って文を手直しする時間を作り、明確でわかりやすい文にしてもらう

4. 各部門のグループに代表者を選んでもらい、代表者を部屋の中央に集め円を作る。各代表者は、適切な他の部門の代表者に、上位 2 つの必要なことを伝える。その際に、代表者はメモを取るが、答えないようにする。議論や説明が一切行われないことが重要なのだ

5. 必要なことをすべて要求し終えたら、代表者は自分のグループに戻り、回答を話し合う。回答は、「はい」「いいえ」「ん？（要求内容がわからない）」に意図的に限定する

6. 代表者はまた中央の円に集まる。1 人ずつ受けた要求を復唱し、回答していく。繰り返しになるが、ここでも議論や詳細な説明は一切しない

7. 状況に応じて、要求と回答を繰り返してもよい。目的は、助けを求めるときに要求を具体的にすることがいかに重要であるかを（痛いほど）明確にすることだ。そのため通常は 1 回で終わらせる。しかし、グループが実験のコンセプトをしっかりと理解している場合、追加の要求をすることが大きな飛躍の助けになることがある。このような場合は、手順の規律や厳格さよりも、追加の 1 回を行う恩恵が大きい

私たちの発見

- この実験の目的は、正確な要求と明確な回答を練習することだ。議論の場ではない。要求が不明確だとすれば、グループのコミュニケーションが明

確になるように取り組む必要があることを示している

- グループが要求をはっきりと言葉にし、（最終的に）明確な回答を得るため、この実験での緊張感は自然なことだ。緊張感を認識し受け入れよう
- 参加者に同じフォーマットを使って、この場の外でも自分たちの必要なことを伝え続けるように促そう。要求が理解されなかったり拒否されたりした場合は、別の方法で聞いてみよう
- グループのメンバーが他の人の文句を言ったり非難しているのを見かけたら、具体的に何を必要としているのか、その必要性を十分に伝えられているのかを確認しよう

何が起きているか観察する

　経験の浅いスクラムマスターは、すぐに問題解決、提案、進むべき道の提示をしてしまいがちだ。それが役立つこともあるが、チームが学習し成長する力を妨げ、自己組織化する力を損なう恐れがある。この実験は、スクラムマスターが、問題解決と、チームが成長し自律することとのバランスが取れるように設計されている。

労力／インパクト比

労力	★★★☆☆	難易度はあなたの行動しない力にかかっている。ほとんどのスクラムマスターは助けたくてたまらないため、これが難しい
サバイバルに及ぼす効果	★★★★☆	スクラムチームというシステムを観察できるようになると、より大きな阻害要因も見えてくる

手順

この実験を試すには、次のように進めよう。

1. スプリント開始時に、このスプリントからあなたが一歩離れることをチームに許可してもらう。これは、自己組織化と、あなたがそれを妨げてしまうことについて話し合うよい機会になる。スクラムマスターとして、今までどおりスクラムイベントに参加するが能動的には動かない。ファシリ

テートすることや、提案や率先して話をすることを控える。チームが行き詰まった場合に、質問に答えたり助けたりするために参加する

2. スプリント期間中、チームが作業をしているときに何が起きているのかを観察する。この後説明するリストをヒントにしよう。観察する際はいつでも、結論や解釈に飛びついてはいけない。自分が具体的に何を見て、何を聞いているのかを自問自答する

3. スプリントレトロスペクティブで、あなたが受け身だったことがチームにとってどのようなものだったのか探る。チームはあなたが受け身だったことで何が可能になったのだろうか。自己組織化に気づいたのだろうか

4. チームが乗り気ならば、スプリントレトロスペクティブ中に事実にもとづく観察結果を共有してもよい。例えば、「10 個のアイテムのうち、スプリント初日に 7 個が『仕掛中』でした」や、「デイリースクラムは全員の参加を待たなければならないので、いつも 5〜8 分遅れて始まることに気づきました」などと伝える。観察結果を認識し理解する初めての機会をチームに与え、その後、建設的にあなた自身の意見を共有しよう。チームは一緒に作業することについて何を学んだのだろうか。あなたはどのような阻害要因に気づいたのだろうか

5. 発見した阻害要因を分析し解決するために、この本の別の実験を利用する。また、スプリント中にオープンクエスチョンを行うために、観察結果を利用する。観察結果にもとづいたタイミングのよいパワフルクエスチョンは、他の方法では発見するのに何ヶ月もかかるような巨大なインサイトを引き出すことができる。例えば、「このスプリントでは、一度もステークホルダーと対話がありませんでした。これは、彼らのために価値あるプロダクトを作るという私たちのゴールとどう合致しますか？」

観察する際に気を付ける点を紹介する。

- チーム内のやり取りがどのようになっているか。よく話す人、あまり話さない人は誰か
- チームの誰かが何かを提案するとたいていどうなるか。検討されるか、無視されるか、非難されるか、追加のアイデアが出て膨らむか
- スプリント中の作業の流れはどのようになっているか。スプリントのある

日の時点ではどのくらい作業が進んでいるか。長い間同じ状態になりがちなアイテムはどのようなアイテムか。それに気づくのは誰か

- 依存関係がチームにどのような影響を与えているか。いつ発生するか。どのようなものか。再開するためにどのくらい待たなければならないか
- スプリント中の雰囲気はどうか。笑っていたり、笑顔だったりするか。強い感情的な反応はあるか。作業は他の人と一緒か、ほとんど 1 人か
- 問題に直面したらチームはどうしているか。誰が率先して問題解決をしているか。誰が関わり、誰が関わらないか。リードするのはいつも同じ人か。さまざまな選択肢を検討して 1 つを選ぶか、1 つの解決策に突き進むか
- 開発チームはプロダクトオーナーとどのように関わっているか。プロダクトオーナーはどのくらいの頻度で現れるか。プロダクトオーナーはどのような質問を受け、どのような答えを返しているか。プロダクトオーナーはどのような点を考慮してプロダクトバックログの順番を決めているか。開発チームはこれに関与しているか
- チームはどのように作業を計画し調整しているか。デイリースクラムではどのような意思決定がなされているか
- チームは周囲とどのように関わり合っているか。他のスクラムチームとどのくらいの頻度で交流しているか。要求を持ってくる人が、どのくらいの頻度で作業を邪魔しているか

私たちの発見

- 何が起きているのかを観察するスキルは、開発チームが身につけるスキルでもある。役割を交代して実験することもできる。その場合の「観察者」は、自分の仕事をしながら、集まりでは受け身の立場を取る
- リードすることに慣れていると何もしないのは難しい。チームが苦戦しているのに気づいたらなおさらだ。チームの解決力を信じよう。一方で、ずっと何もしないでよいわけではない。経験的な仕事ができるように組織全体を支援する場合、スクラムマスターにはやるべきことがたくさんある。この実験は、一息ついて、次の段階に進むための時間だと考えよう

- この実験は、チームがスクラムマスターとしてのあなたを信頼している必要がある。信頼がないと、観察がスパイのように感じられてしまうだろう。観察の目的をしっかり明確にし、観察した結果をチームにのみ共有する。信頼が低いのであれば、他の実験から始めて信頼を高めよう。または、1 つのスクラムイベントから観察者の練習してみよう

自己アラインメントを促す実験

チームの作業は、一般的にチームより広い組織環境の中で行われる。そのため、他の場所での作業と何らかの形で方向性を合わせる必要があることが多い。中央集権的管理やトップダウンによる統制に依存した従来型アプローチではなく、自己組織化は自己アラインメント（self-alignment）の過程から恩恵を受ける。その過程で、チームや個人が価値ある目標や周囲で起こっていることにもとづいて自ら方向性を合わせていく。ここでの実験は、これを具体的にするものだ。

パワフルクエスチョンでもっとよいスプリントゴールを作る

スプリントゴールは、スクラムチームがコラボレーションを自己組織化するのに役立ち、スプリントの作業の目的と価値を明確にする。そして、突然の変更に対してスプリントバックログを変更する柔軟性をスクラムチームに与える。しかし、明確なスプリントゴールを作ることに多くのチームが苦労している。ゾンビスクラム環境ではなおさらだ。この実験では、スクラムチームが明確なスプリントゴールを作成するのに役立つ 10 のパワフルクエスチョンを提供する。

労力／インパクト比

労力	★★☆☆☆	あなたがすべきことは、質問をして、チームがどのように答えるか確認することだけだ。チームが実際に行動して成果を得るには、最大限の努力が必要だ
サバイバルに及ぼす効果	★★★★☆	明確なスプリントゴールがあれば、自己組織化を確実に促進することができる

手順

この実験を試すには、次のように進めよう。

1. 次で説明する質問をそれぞれインデックスカードに印刷し、さまざまなスクラムイベントに持っていく
2. スクラムチームが次のスプリントで何に注力すべきか検討しているときに、誰かに質問を 1 つしてもらうか、例としてあなたが質問をする。質問はスプリントゴールを作り始めるのに役に立つものもあれば、チームがゴールを考えているが、まだ十分明確ではない場合に役立つものもある

質問は以下のとおりだ。

- 自分たちのお金でこのスプリントの費用を払うとしたら、その費用を回収する可能性が最も高いものは何ですか？
- このスプリントゴールを達成したとき、ステークホルダーの視点から見て、明らかに変化または改善するものは何ですか？
- 資金や時間が足りなくなり今回のスプリント以降がないとしたら、少なくとも何らかの価値を届けるために、やらなければならないことは何ですか？
- 次のスプリントをキャンセルして休暇を取ったとしたら、必然的に失われたり、後で大変なことになるのは何ですか？
- このスプリントゴールの達成には、どのような手順が必要ですか？ 最も必要性が低い手順や省ける手順はありますか？
- 突然チームの人数が半分になり、スプリントゴールに必要な作業の半分しかできなくなったとしたら、成果に納得できるようにスプリントバックログで絶対やるべきことは何ですか？ 今はやらずに後でできるものは何ですか？
- スプリントゴールが複数の達成すべきことで構成されている場合、1 つを選ばなければならないとしたら、どれを選びますか？ それを実施して、他を別のスプリントで実施したら、取り返しのつかない損失が発生しますか？

- お祝いできるようなスプリントゴールにするには、どうすればよいですか？

- プロダクトのどのような心配事が、夜も眠れなくしていますか？ このスプリントで何を作ったりテストしたりすれば、少しでもよく眠れますか？

- 価値の観点と、チームとして他に何が必要かを学ぶ観点から、次のスプリントの最悪の過ごし方は何ですか？ それを防ぐために、このスプリントでは何に集中するべきですか？

　質問の中には、環境における制約から、すぐには答えられないものがあることに気づくだろう。同時に複数のプロダクトに取り組んでいる場合は、どのように答えたらよいだろうか。また、プロダクトオーナーが作業の実装順について発言権がない場合や、スクラムチームが1回のスプリントで動くソフトウェアを届けられない場合は、どのように答えたらよいだろうか。そのような制約の中でどのようにスプリントゴールを作るかに焦点を当てるのではなく、経験的に作業をする能力に制約が与える影響を探るべきだ。

　結局、スプリントゴールの作成に苦労しているのは、どこかに改善する必要がある明確なサインである。スプリントゴールはスクラムチームが真の阻害要因を見つけるのに役立つのだ。

私たちの発見

- この実験を行う許可をスクラムチームからもらう。可能であれば一緒に実験をしよう。これらの質問の観点で今後のスプリントについて考えることを学ぶのは、チームが身につけるべき極めて重要なスキルだ

- スプリントゴールを難しくしている制約をすべて取り除くまで、ゴールの使用を延期するという罠に陥ってはいけない。不完全なスプリントゴールだとしても、ないよりはましだ。スプリントゴールがないと、スプリントバックログにあるものをすべて完成させることが暗黙のゴールになりやすい。これでは、チームに柔軟性を与えることも、作業の目的や価値を明確にすることもできない。それどころか、目隠しをしてできるだけ速く作業をすることを暗に示してしまうのだ。これでは、チームが共通のゴールに向かってコラボレーションを自己組織化する能力が損なわれてしまう

物理的なスクラムボードを使う

　第 11 章で、スティグマジーとは、人が環境に残す痕跡によって自然に調整が起こる自己組織化の 1 つの形であることを見てきた。これは抽象論に聞こえるかもしれないが、スクラムチームに驚くほどよく当てはまる。この実験で私たちは、チームレベルでスティグマジーを促進する素晴らしい方法を提供する（図12.3 参照）。

図 12.3: スクラムチームと一緒に自分たちに合うスクラムボードを作ろう

労力／インパクト比

		説明
労力	★★☆☆☆	この実験に必要なのは、物理的なスクラムボードを一緒に設置することだけだが、試しにやってみようと勧めることに少し労力がかかる
サバイバルに及ぼす効果	★★★☆☆	この実験はチームの自己組織化を促進する

手順

　この実験を試すには、次のように進めよう。

　1. チームの部屋で空いている壁や窓を選び、スプリントバックログをベース

にした物理的なスクラムボードをチームと一緒に作成する。ボードの構成は好きなようにして構わない。私たちは、大きなインデックスカードに書いたプロダクトバックログアイテムを貼る列から作り始めることが多い。基本的に、最初の列のアイテムごとに行を作る。2列目には、各アイテムの完成に必要なタスクを書いた小さめのカードを貼る。以降の列は、「To Do」「Coding」「Testing」「Done」のようにチームのワークフローを表す

2. 重要な情報を知らせる目印を追加する。私たちはよく、1列目のアイテムのうちブロックされているものに赤いマグネットを使い、完成したものに緑のマグネットを使う。他には、各チームメンバーのアバターマークを1つずつ用意して、作業しているアイテムに付けるというアイデアもある

3. スクラムボードの横に完成の定義を貼り、その上のバナーにはスプリントゴールを貼る

4. その他にチームの連携の助けになるものも貼る。ついつい壁に何でも貼りたくなるかもしれないが、機能させるにはメンテナンスが必要なことを忘れないようにしよう。また、スプリント中に頻繁に更新され、チームが次に何をすればよいかわかるような使い方がベストだ。リリース手順やチームの休暇予定は、別の場所に貼ったほうがよい

5. スプリント中、一緒にボードを更新する。何かが起こったとき（例えば、アイテムがブロックされたときや、完成したとき）にボードに注意を向けさせ、チームがボードを使うことを促す。わかりやすいアイテムを書いたり、他の人も書けるように助けたりしながら、手本を示そう

6. スプリントレトロスペクティブでスクラムボードの使い方をふりかえる。特に、ボードで可視化したアイテムが、すぐに実施される可能性が高まる方法を探そう

チームの部屋には、次のようなアクション可能な記録を追加することもできる。

- ビルドパイプラインの状況
- 頻繁に変わり、次に実施する作業の判断に役立つプロセス指標（例：「仕掛中」、緊急課題の待ち時間）
- チームがメンテナンスしている重要なサービスの指標

スティグマジーに関しては、物理的なスクラムボードに勝るものはない。ボードで見せるものと見せ方の制約がないのだ。カードを別の列に移動させるために立ち上がった行動でさえ、何かが次に進む準備ができたことを示す自発的で間接的な協調行動になる。付箋がもったいないなら、付箋サイズの書き込めるマグネットを使うのもよい。もしチームがデジタルのボードにこだわるのであれば、部屋に可動式の大きなモニターを用意して、それに表示するようにしよう。

私たちの発見

- 最初は、デジタルのスクラムボードと比べて物理的なボードの恩恵を理解するのに苦労するかもしれない。しかし、スティグマジーや、それがどのように自己組織化を促進するかについてチームで話し合うよい機会になる。この実験を数回のスプリントで試し、自分のチームにとって何が最も機能するのかを判断しよう
- 書籍『アジャイルコーチの道具箱——見える化実例集』[44] は他の例も載っている素晴らしい情報源だ

現場での解決策を見つける

自己組織化はそれぞれのチームで起こるものだが、それが広がるにつれてますます強力になる。同時に、チームが直面する課題の中には、自分たちだけでは解決できない難しいものもでてくるだろう。ここでの実験は、助けてもらったり、現場での解決策を一緒に考えたりする環境を作る。

阻害要因を話し合うスクラムマスターの集いを開催する

スクラムマスターは、チームそして組織全体に対しても、経験的に理解することと経験的に作業することを支援するために存在している。これが難しい。特にゾンビスクラムに感染した環境ではなおさらだ。私たちはいつも、お互いに助け合い支援し合えるところを把握するために、スクラムマスターたちを集めることから始めている。この実験はそれを助けるものだ。これは、リベレイティングストラクチャーの「ワイズクラウド（Wise Crowds）」[1] にもとづいている。

労力／インパクト比

労力	★★☆☆☆	スプリントごとに少なくとも 1 回スクラムマスターを集めるのは、それほど難しいことではない。バーチャルならなおさらだ。
サバイバルに及ぼす効果	★★★★☆	スクラムマスターが一緒に活動すると、自己組織化が組織全体に広まりやすい

手順

この実験を試すには、次のように進めよう。

1. 組織内のすべてのスクラムマスターを第 1 回目の「阻害要因を話し合うスクラムマスターの集い」に招待する。リモートまたは対面で 1 時間枠で開催しよう。スプリントごとに 1 回は開催することから始める。可能であれば阻害要因の記憶が新しいスプリントレトロスペクティブの後がよい。この集まりの目的が、手強い阻害要因を解決することであるとはっきり伝え、全員に最も困難な阻害要因を持ってきてもらう。できればチームの枠を超えた阻害要因がよい

2. 最初に、今回焦点を当てる最も重大なパターンを特定する。ペアになって 2 分間、最も緊急の阻害要因を共有してもらおう。ペアを変え、これをもう 2 回繰り返す。その後、グループで 5 分間、気づいた明らかなパターンを書き留める

3. 椅子を準備し、全員で（大きな）円になって座る。グループで気づいたパターンに対応する阻害要因を選択する。次に、その阻害要因の支援を受ける参加者を 2〜3 人選ぶ。その中から 1 人をクライアント役にして 1 回のラウンドを回す。他の参加者はコンサルタント役だ。

4. 2 分間で、クライアント役は自分の阻害要因と支援が必要なことを伝える。次に 3 分間で、コンサルタント役は、内容を掴むために自由回答形式で質問を行う。次に、クライアント役はコンサルタント役に背を向ける。リモートの場合はカメラをオフにするとよいだろう。クライアント役が背を向けている間、8 分間で、コンサルタント役はクライアント役を助けるために、質問や提案、助言を話し合う。その間、クライアント役は大人し

くメモだけを取る。その後、クライアント役はコンサルタント役の方を向き、2 分間で役に立ったことを共有する

5. 次のクライアント役にバトンを渡し、2〜3 ラウンド繰り返す。残りの参加者や阻害要因については次の集いで行う

6.「15% ソリューションを生み出す」(第 10 章参照)を使い、アクションアイテムを見つけよう。コンサルタント役が自分のチームに役立つヒントを得ることも多い。アクションアイテムが他のチームを助けるものでもよい

私たちの発見

- 第 10 章の実験「公式・非公式のネットワークを利用して変革を促す」や「問題点と解決策を一緒に深く掘り下げる」「15% ソリューションを生み出す」「改善レシピを作成する」は、繰り返し起こる阻害要因を深く掘り下げたいときにとても有効だ。

- ぎこちなく感じたとしても、クライアント役が完全に背を向けるようにしよう。クライアント役のわずかな表情の変化が、コンサルタント役が提供するアイデアに影響を与える可能性があるからだ

- この実験は、スクラムマスター以外に開発者、アーキテクト、管理職など、さまざまな役割でも使える。役割を混ぜてもよい。また、「トロイカコンサルティング(Troika Consulting)」[1] と呼ばれる少人数バージョンもあり、3 人で助けたり助けてもらったりする。そこでは、1 人がクライアント役になり、他の 2 人がコンサルタント役になるため、3 ラウンドで参加者は 1 回クライアント役になることができる

オープンスペーステクノロジーで現場での解決策を作る

ゾンビスクラムに苦しむ組織は、他の場所では上手くいった解決策やベストプラクティスを頼りにしていることが多く、現場の課題や環境に合わせた解決策を使っていない。そこに、共通の課題を一緒に乗り越えるための場所と時間を提供することで、現場に適した解決策作りに刺激を与えられる。

オープンスペーステクノロジー(Open Space Technology、以下 OST と略

す)[45] は、そのための素晴らしい方法だ。アジェンダは参加者が作り、自分が最も貢献できると思う場所に行く。このような自己組織化の性質を持つ OST は、自己組織化を学ぶのに最適だ。この実験では、簡略版の OST を説明し、より効果的に実施するための方法をいくつか紹介する。

労力／インパクト比

労力	★★★☆☆	OST はできるだけ多くの人が参加することで効果を発揮する。そのため、かなりの時間の投資が必要だ
サバイバルに及ぼす効果	★★★★☆	頻繁な OST は組織を変えることができる

手順

この実験を試すには、次のように進めよう。

1. 組織全体または一部を、数時間から数日間の OST に招待する。招待は必ず事前に許可をもらっている人だけにしよう。OST は、大きなスペースがある会場か小さな部屋がたくさんある会場で開催するのがベストだ。マーケットプレイス用の表を作成し、付箋、ペン、フリップチャート、椅子を用意する

2. OST の概念と仕組みを紹介する。参加者は自分にとって最も有益なセッションに参加するか、貢献できないセッションから抜けるか、自分の足で自由に選択ができる。これを「2本足の法則」と呼ぶ。さらに、次の4つの基本的なルールが自己組織化を最大化する。(1) ここにやってきた人は、誰もが適任者である (2) いつ始まっても、それが適切なときである (3) 何が起ころうと、それが起こるべき唯一のことである (4) 終わったときが、終わりのときである

3. 今回の OST の中心となるテーマを紹介する。「私たちが取り組むべき現在の課題は何か」「チームの自律性を高めるにはどうすればよいか」「ゾンビスクラムの状況を改善するには、どうすればよいか」のように、狭いテーマより広いテーマのほうがよい

4. マーケットプレイスを開始する。参加者は、他の人と一緒に探求したい課

題や話したいことを、セッションの時間と場所を併せて提案することができる。そして、セッション内容を目立つようにタイムテーブルに貼り出す。セッションの提案者は発案者でもあるが、その話題の経験がなくても構わない

5. セッションを予定された時間と場所で実施する

6. 必要ならば、各セッションの参加者に、話し合われた内容を簡単に説明してもらったり、ネット上に参加者が見えるように公開してもらってもよい

私たちの発見

- セッションの提案者を支援するために、セッションをファシリテートできるボランティアグループを用意しておくとよいだろう。これは、参加者間のパワーバランスが著しく偏っているセッションでは特に有効だ。このようなアンバランスは、例えば組織階層間でよく現れ、議論に大きな影響を与えてしまうことがある

- OST のよくある落とし穴は、セッションで、大きな声が支配的になり、構造化されていないグループ対話になってしまうことだ。あるいは、参加者の知識や経験を活かすことなく、セッション提案者が時間枠全部を「一方的に話す」ことに使ってしまうことだ。これには、リベレイティングストラクチャーの「What, So What, Now What?」や「発見とアクションのための対話（Discovery and Action Dialogue）」「1-2-4-All」「15% ソリューション（15% Solutions）」などによって対処することができる。すべてのセッションに、気づきを記録する道具（フリップチャートや付箋など）を必ず用意する

次はどうしたらいいんだ？

　この章では、チームが自律性を高め、自分たちの働き方に責任を持てるようになるための実験を見てきた。これが、**ゾンビスクラムサバイバルガイド**の最後のパズルのピースだ。自己組織化は、ステークホルダーの必要なものを作り、それを速く出荷し、継続的に改善するのを助ける、素晴らしい促進剤である。自己組

織化を生み出す場を作ると、そこから生み出される現場での解決策が、無気力を
追い払い、完全な回復に向けた歩みを加速させるのだ。

「新人くん、もっと実験を探しているのか？ zombiescrum.org
にはたくさんの武器がある。上手くいった他の実験があれば提案
してくれ。我々の武器を増やす手助けをしてほしい」

第13章
回復への道

もう大丈夫だよ。

——カール・グライムズ『ウォーキング・デッド』

この章では

- ゾンビスクラムレジスタンスの新人研修を終えよう
- 回復への道に役立つ、さらなる参考情報を知ろう
- 仲間を見つけ、協力し、ゾンビスクラムを克服しよう

『ゾンビスクラムサバイバルガイド』も終わりに到達した。私たちは、この本を通じてゾンビスクラムのよくある症状と原因を見てきた。今では、ゾンビスクラムと健全なスクラムが、見かけは似ていても近くで詳しく見ると全く違うことをよく理解しているはずだ。ステークホルダーを実際に巻き込み、より速く出荷し、チームが自己管理できるようにするなど、この知識によって、努力が最大の結果を生む領域に集中できるだろう。また、その知識は、チームや組織に変化を促すのに役立つ透明性の使い所と使い方も示してくれる。例えば、チームが緊急の変更に対応するのが難しい状況をサイクルタイムの長さをもって示すなどだ。しかし、知識は変えるべきことを理解するのには役立つが、パフォーマンスを向上させるためには、その知識を断固たる行動に変えなければならない。私たちは、考えるべきことと試すべき実験を数多く提供してきた。この最終章では、あなたのチームが回復に向かうための最後の一押しをする。

「おめでとう、新人くん！ これで研修は終了だ。でも、冒険はすべての知識を実行に移してからが本番だよ」

グローバルな活動

　おめでとう！ これであなたはゾンビスクラムレジスタンスの正式メンバーとなった。私たちは、回復への道にあるチームや組織の支援を目的としたグローバルな活動をしている。あなたの旅は 1 人ではない。ここでは、この活動から恩恵を受けながら、貢献もするヒントを紹介する。

- 社内「ゾンビスクラムミートアップ」を始めよう。スクラムフレームワークで、より多くのことが成し遂げられるという信念を共有している社内の人たちと一緒に、この本を読む。実験「読書会を始める」（zombiecrum.org 参照）を使えば、実施するヒントが得られるだろう
- 異なる組織の人たちが集まる地域のゾンビスクラムレジスタンスミートアップを始めよう。この本のさまざまな実験を一緒に試し、それを改良し、そして新しい実験を開発する。ミートアップは、サポートし合うための素晴らしい場所だ
- オンラインでゾンビスクラムの経験を共有しよう。特に、試したこと、上手くいったこと、上手くいかなかったことを共有する。偽りのない体験談は、他の人のインスピレーションの源になる。また、ソーシャルメディア、ビデオ、ブログ記事で経験を共有することもできる

どうにもならない場合は？

　現実的でなければならない。すべての組織がゾンビスクラムから回復できる訳ではない。また、すべての組織が回復したいと思っている訳でもない。あなたの組織を構成する人たちの根強い信念、既存の組織構造、パワーバランスの偏り

が、チームの外、またはチームの中でさえ変化することを難しくしているかもしれない。特に、同じような考えを持つ人たちを十分に見つけられない場合はなおさらだ。どうにもならない場合は、どうすればよいのだろうか。現場での小さな変化でさえも起こせない自分に、ますますイライラしてしまうとしたら、どうすればよいのだろうか。

　私たちも組織にいたころ、懸命に勝ち取った一歩一歩に対し猛烈な抵抗を受けたことがある。結局、自分 1 人でできることは限られている。自分の最大限の力を出しても何も変えられないときは、簡単に冷笑的、悲観的になってしまう。これは、スクラムフレームワークの可能性について興奮している人が、他の人にその興奮が伝わらないとわかったときによく起こることだ。

　私たちの経験から言えることは、何度も多くの異なる方法で挑戦しても、そのうち敗北が避けられない時が来る。それを恥じることはない。そして、それを受け入れることは精神的にもよい。それがどのようなものかは状況によって異なる。あるケースでは、私たちはスクラムフレームワークを諦め、組織を前の状態に戻したことがある。理想には程遠いが、技術的な品質など、まだコントロールできる領域で仕事を続けた。別のケースでは、スクラムとは縁がなかった同僚の中から新しい仲間を見つけて活動を再開したこともある。もちろん、私たちの考えに近い組織に移ったケースもある。

　チームや組織に対するあなたのビジョンが必ずしも共有されているとは限らない。みんなに可能性を知ってもらうために、懸命に働き、さまざまなアプローチを試すことしかできないときもある。しかし、ゾンビスクラムレジスタンスに参加することは、いつだってできる。あなたへの支援と助言をしたくてうずうずしている大規模で情熱的で熱心なコミュニティがある。コミュニティに参加して、一緒にゾンビスクラムと戦おう！

さらなる参考情報

　この本を読んで旅を始めたくてうずうずしているなら、以下の情報が役立つ。

- 無料のデジタル版ゾンビスクラム応急処置キットを作成した[1]。キットには、この本のいくつかの実験や他の有用なエクササイズが入っている。**zombiescrum.org/firstaidkit** からダウンロードでき、物理版も注文することができる

- **survey.zombiescrum.org** では、チームや組織がゾンビスクラムかどうかを診断することができる。診断は無料で、匿名で好きなだけ利用できる。診断と結果のフィードバックは、データの分析から得た学びを反映し、継続的に洗練している。私たちは大学と共同でこの調査を発展させ、査読付きの学術誌に結果を発表している

- 私たちの **zombiescrum.org** は、ゾンビスクラムレジスタンスの中心的な活動拠点だ。より多くの実験、地域のミートアップのリスト、自分で始めるためのガイドなどを見つけることができる。現場の経験も共有している

- **scrumguides.org** には、公式スクラムガイドの最新版がある。考案者であるケン・シュウェーバーとジェフ・サザーランドが、スクラム実践者のグローバルコミュニティとともに、スクラムガイドを定期的に検査し、適応させている

- **Scrum.org**（ウェブアドレスでもある）は、スクラムフレームワークの理解をさらに深めるための権威ある団体だ。Scrum.org は、スクラムフレームワークの考案者の1人であるケン・シュウェーバーによって設立された

最後に

ゾンビスクラムは世界規模で広がり、規模に関係なく多くの組織の存在を脅かしている。私たちは、このような深刻なメッセージでこの本を始めた。スクラムフレームワークを上手く使っているチームに対して、スクラムを機能させるのに苦労しているチームの数はその2倍もある。その理由を理解するのは簡単だ。スクラムフレームワークの目的は、ステークホルダーが求めるものを作る、結果を

---

[1] （訳者注）原著とのセット販売になっているが、支払い時のディスカウントコードに、"nonetheless" と入力すると無料でゾンビスクラム応急処置キットをダウンロードできる。

速く出荷する、学習にもとづいて継続的に改善する、阻害要因に対処するために自己組織化するという 4 つの関連した領域に分けることができる。これらを実現することは、複雑な作業のリスクを減らし、ステークホルダーへの対応力を高める最善の方法だ。これこそがアジリティなのだ。

　しかし、これらの領域は、よくある仕事の進め方とは異なる。仕事の進め方がこれらの領域と断絶していることが摩擦を生み、チームが変化に素早く対応する力の阻害要因の原因となっている。この本を通じて、このような問題の例を数多く見てきた。スクラムフレームワークは、チームに 1 つのルールに従うよう求めることで、阻害要因を克服するのに役立つ。スプリントごとにリリース可能な完成したインクリメントを作るというルールだ。チームがこれを実行する努力を惜しまなければ、アジリティに対するすべての阻害要因は最終的には解消されるはずだ。

　チームがこのルールを守れず、誰も改善しようとしないときに、ゾンビスクラムが醜い顔をのぞかせる。その結果、どのような変化も表面的なものに留まってしまう。遠くから見るとスクラムのように見えるが、なんのアジリティも生み出すことはない。

　この本の目的は、ゾンビスクラムの視点で、スクラムフレームワークの目的を深く理解することだった。そして、ゾンビスクラムから回復に向かうための 40 以上の実用的な実験も共有した。

　ゾンビスクラムレジスタンスの正式メンバーとして、学んだことを実践に移すのはみなさん次第だ（図 13.1 参照）。仲間を見つけ、協力し、ゾンビスクラムを克服しよう。君なら絶対にできるはずだ！

図 13.1: 回復に向けた旅の成功を祈っている。孤独で困難なときもあるかもしれない
が、よりよい職場を作りたいと思っているのは、あなた 1 人だけではない

訳者あとがき

　スクラムの導入が会社方針として決まり、半信半疑ながらも準備を進め、新しいやり方への興味とスクラムの研修後の熱気の中でプロジェクトを開始する。しかし、しばらくするとどこかが変だと感じ、「本当にこのまま進めてよいのか？」と疑問が湧いてくる。そのうち、プロジェクトのステークホルダーやエンジニアが苛立ち始める。

　この本で紹介されているケースにこのような状況があります。残念なことですが、これは日本においても珍しいことではありません。翻訳者である私たちは、アジャイルコーチとしてプロダクト開発の現場を支援したり、運営するコミュニティイベントの参加者から相談を受けたりしていますが、同様のケースによく遭遇します。この本を手に取ってくださったあなたにも身に覚えがあるかもしれません。しかし、問題はここからです。その状況から回復するにはどうすればよいのでしょうか。

　原著者であるクリスティアーン・フルヴァイス、ヨハネス・シャルタウ、バリー・オーフレイムは、その状況をゾンビスクラムと名づけました。遠くから見るとスクラムに見えるが近づくとスクラムじゃない。そこには心臓の鼓動がありません。なんと、言い得て妙なんでしょう！　著者たちは、私たちがたびたび目にするスクラムの惨事をこんな風にユーモアも交えて的確に説明しました。これはすごいことです。なぜなら、ピンとくる言葉ができたことにより私たちは問題を認識できるようになったからです。本書の功績はそれだけではありません。症状の説明、現場で使える実験という形を取った処方箋を提供してくれています。多くの人にとって役立つ道具となることでしょう。

　この本は、「スクラムが上手く使えていないと感じているすべての人」のためにあります。この本の実験が、即効性のあるドリンク剤のようには組織に変化をもたらさないかもしれませんが、みなさんのスクラムチームと一緒に、または組

織内で志を同じくする仲間と一緒に実験を繰り返すことで、少しずつ回復に向かうでしょう。もし壁にぶち当たり、これ以上先に進めないと挫折しそうになったら、アジャイルコミュニティに頼ってみましょう。日本にも多くのアジャイルコミュニティがあり、そこには多くの仲間がいます。みなさんと同じような課題に直面している方、その課題を克服できた方、いろいろな方がいらっしゃいます。コミュニティに参加し、そのような方々と会話してみてください。著者たちも言っています。あなたは1人ではないのです。一緒にゾンビスクラムと戦いましょう！

　この本の翻訳は、多くの方々のご協力なしには達成できませんでした。まず、この原著の著者であるクリスティアーン、ヨハネス、バリーに感謝します。私たちの質問の嵐に対し、いつも丁寧に、かつ迅速に回答してくださいました。次に、本書のレビューにご協力いただき、たくさんのご指摘をしていただいた秋元利春さん、大塚理紗子さん、藤村新さん、森雄哉さん、山田悦朗さんに感謝します。特に、斎藤紀彦さん、長沢智治さん、花井宏行さんには、私たちの翻訳を非常に丁寧に添削し、翻訳のアドバイスをしていただきました。以上の方々のご協力がなかったら、この本のリリースはいつになっていたことでしょう。みなさんのご協力により、読みやすい本にすることができました。本当にありがとうございました。

　また、丸善出版の小西孝幸さんには、感謝の言葉しかありません。遅々としてバーンダウンしない進捗にしびれを切らすことなく、最初から最後まで私たちを励まし、伴走してくださいました。最後になりますが、毎週土曜日を翻訳作業につぶし、翻訳打ち合わせという名の飲み会でいく度となく週末の夜までつぶした私たちを、文句も言わずに見守ってくれた家族に感謝します。ありがとう。

木村 卓央、高江洲 睦、水野 正隆

2022 年 5 月

訳者紹介

木村 卓央（きむら たかお）

合同会社カナタク代表社員/アジャイルコーチ。2004 年より、さまざまなアジャイルコミュニティに参加し、アジャイルを学び、アジャイルの普及、実践をしてきた。2012 年よりアジャイルコーチとして、受託企業、事業会社、スタートアップ、大手企業などで、アジャイル開発プロセスの導入支援を行っている。さまざまなコミュニティも主催しており、現在は LeSS Study、アジャイル・ディスカッション！！ を主催している。共訳書には『Fearless Change』、『大規模スクラム Large-Scale Scrum（LeSS）』がある。仕事以外では、COVID-19 の影響によりリモートワーク中心となったため、運動不足からの体重増に危機感を感じたのを期（言い訳）に、ロードバイクを購入。毎週 1 人でサイクリングを楽しんでいる。
Facebook: https://www.facebook.com/kimura.takao

高江洲 睦（たかえす まこと）

グロース・アーキテクチャ&チームス株式会社取締役/有限会社 StudioLJ 代表取締役社長/アジャイルコーチ。2000 年に書籍『リファクタリング』に出会って以降、XP やアジャイル開発に関連するものを追いかけ、2009 年から Scrum を実践。2010 年から大小さまざまな業種、業態で、アジャイル開発/スクラムの導入実践支援、組織開発、コーチの育成を行う。サボりがちだが LeSS Study スタッフ、アジャイル・ディスカッション！！スタッフ（ハンバーガー差し入れおよび懇親会要員）。共訳書に、『Fearless Change』、『大規模スクラム Large-Scale Scrum（LeSS）』など。電動一輪車（愛機は Ninebot One S2）を自由に乗れるところが近くにないので、代わりにドラゴンクエストウォーク（Facebookでフレンド申請お待ちしています）でいろいろ発散している。
Facebook: https://www.facebook.com/takaesu0

水野 正隆（みずの まさたか）

株式会社オージス総研コンサルタント/アジャイルコーチ。どうすればソフトを依頼する人もコードを書くエンジニアも幸せな開発にできるだろうかと考え、自分のチームにアジャイルプラクティスや「スクラムっぽいもの」を試し始め、今に至る。アジャイル導入の支援をするアジャイルコーチでもあり、オブジェクト指向設計/UML など設計技法を指導するコンサルタントでもある。LeSS Study スタッフ、アジャイル・ディスカッション！！ スタッフ。共訳書に『大規模スクラム Large-Scale Scrum（LeSS）』。最近は、散歩をしながら昔の街道の名残りや暗渠（地下に埋められた河川や水路）を見つけたり、古い地図と見比べたりして街の成り立ちを想像するのがお気に入り。
Facebook: https://www.facebook.com/mizuno.masataka

参考文献

[1] Lipmanowicz, H., and K. McCandless. 2014. The Surprising Power of Liberating Structures: Simple Rules to Unleash a Culture of Innovation. Liberating Structures Press. ISBN: 978-0615975306. (リベレイティングストラクチャーの日本語の情報として『図解 組織を変えるファシリテーターの道具箱』森 時彦, 伊藤 保, 松田 光憲 著 ダイヤモンド社, 2020 がある. この本では, リベレイティングストラクチャーの日本語名を一部参考にした)

[2] Sutherland, J. K., and K. Schwaber. 2017. The Scrum Guide. https://scrumguides.org/docs/scrumguide/v2017/2017-Scrum-Guide-Japanese. pdf (『スクラムガイド』ジェフ・サザーランド, ケン・シュウェーバー, 2017. 最新版のスクラムガイドは https://www.scrumguides.org から取得できる)

[3] Ogunnaike, B. A., and W. H. Ray. 1994. Process Dynamics, Modeling, and Control. New York: Oxford University Press.

[4] Sutherland, J. V., D. Patel, C. Casanave, G. Hollowell, and J. Miller, eds. 1997. Business Object Design and Implementation: OOPSLA'95 Workshop Proceedings. The University of Michigan. ISBN: 978-3540760962.

[5] Morgan, G. 2006. Images of Organization. Sage Publications. ISBN: 1412939798.

[6] Stacey, R. 1996. Complexity and Creativity in Organizations. ISBN: 978-1881052890.

[7] Kurtz, C., and D. J. Snowden. 2003. "The New Dynamics of Strategy: Sensemaking in a Complex and Complicated World." IBM Systems Journal 42, no. 3.

[8] Andreessen, M. 2011. "Why Software Is Eating the World." Wall Street Journal, August 20. Retrieved on May 27, 2020, from https://www.wsj.com/articles/SB10001424053111903480904576512250915629460

[9] Vacanti, D. S. 2015. Actionable Agile Metrics for Predictability: An Introduction. Actionable Agile Metrics Press. ISBN: 978-0986436338.

[10] Adzic, G. 2011. Specification by Example: How Successful Teams Deliver the Right Software. Manning Publications. ISBN: 978-1617290084.

[11] Vacanti, D. S., and Y. Yeret. 2019. The Kanban Guide for Scrum Teams. Scrum.org. Retrieved on May 26, 2020, from https://www.scrum.org/resources/

kanban-guide-scrum-teams（『スクラムチームのためのカンバンガイド』Daniel Vacanti, Yuval Yeret 著, 角征典, 原田巌 訳, 2021）

[12] Argyris, C. 1993. On Organizational Learning. Blackwell. ISBN: 1557862621.

[13] Lewin, K. 1943. "Defining the 'Field at a Given Time.'" Psychological Review 50(3): 292-310. Republished in Resolving Social Conflicts & Field Theory in Social Science. Washington, D.C.: American Psychological Association, 1997.

[14] Cha, A. and L. Sun. 2013. "What Went Wrong with HealthCare.gov." Washington Post. October 23. Retrieved on May 27, 2020, from https://www.washingtonpost.com/national/health-science/%20what-went-wrong-with-healthcaregov/2013/10/24/400e68de-3d07-11e3-b7ba-503fb5822c3e_graphic.html

[15] Schreier, J. 2016. "The No Man's Sky Hype Dilemma." Kotaku.com. Retrieved on May 27, 2020, from https://kotaku.com/the-no-mans-sky-hype-dilemma-1785416931

[16] Schein, E. H. 2004. Organizational Culture and Leadership. 3rd ed. San Francisco: Jossey-Bass.（『組織文化とリーダーシップ』エドガー・H. シャイン 著, 梅津祐良, 横山哲夫 訳, 白桃書房, 2012）

[17] Edmondson, A. 1999. "Psychological Safety and Learning Behavior in Work Teams." Administrative Science Quarterly 44(2): 350-383.

[18] Janis, I. L. 1982. Groupthink: Psychological Studies of Policy Decisions and Fiascoes. Boston: Houghton Mifflin. ISBN: 0-395-31704-5.

[19] Ross, L. 1977. "The Intuitive Psychologist and His Shortcomings: Distortions in the Attribution Process." In L. Berkowitz, ed., Advances in Experimental Social Psychology, pp. 173-220. New York: Academic Press. ISBN: 978-012015210-0.

[20] Rogers, R., and S. Monsell. 1995. "The Costs of a Predictable Switch between Simple Cognitive Tasks." Journal of Experimental Psychology 124: 207-231.

[21] Asch, S. E. 1951. "Effects of Group Pressure on the Modification and Distortion of Judgments." In H. Guetzkow, ed., Groups, Leadership and Men, pp. 177-190. Pittsburgh: Carnegie Press.

[22] Festinger, L. 1957. A Theory of Cognitive Dissonance. California: Stanford University Press.

[23] Tajfel, H. 1970. "Experiments in Intergroup Discrimination." Scientific American 223(5): 96-102.

[24] Kahneman, D., P. Slovic, and A. Tversky. 1982. Judgment Under Uncertainty: Heuristics and Biases.

[25] New York: Cambridge University Press.
De Dreu, K. W., and L. R. Weingart. 2003. "Task Versus Relationship Conflict, Team Performance and Team Member Satisfaction: A Meta-analysis." Journal of Applied Psychology 88: 741-749.

[26] Camazine, S., et al. 2001. Self-Organization in Biological Systems. Princeton University Press.

[27] Hemelrijk, C. K., and H. Hildenbrandt. 2015. "Diffusion and Topological Neighbours in Flocks of Starlings: Relating a Model to Empirical Data." PLoS ONE 10(5): e0126913. Retrieved on May 27, 2020, from https://doi.org/10.1371/journal.pone.0126913.

[28] Hackman, J. R. 1995. "Self-Management/Self-Managed Teams." In N. Nicholson, Encyclopedic Dictionary of Organizational Behavior. Oxford, UK: Blackwell.

[29] Cummings, T. G., and C. Worley. 2009. Organization Development and Change, 9th ed. Cengage Learning.

[30] Hackman, J. R., and G. R. Oldham. 1980. Work Redesign. Reading, Mass. Addison-Wesley.

[31] Rollinson, D., and A. Broadfield. 2002. Organisational Behaviour and Analysis. Harlow, UK: Prentice Hall.

[32] Bailey, J. 1983. Job Design and Work Organization. London: Prentice Hall.

[33] Taleb, N. N. 2010. The Black Swan: The Impact of the Highly Improbable, 2nd ed. London: Penguin. ISBN: 978-0141034591. (『ブラック・スワン―不確実性とリスクの本質』 ナシーム・ニコラス・タレブ 著, 望月衛 訳, ダイヤモンド社, 2009)

[34] Taleb, N. N. 2012. Antifragile: Things That Gain from Disorder. Random House. ISBN: 978-1400067824. (『反脆弱性―不確実な世界を生き延びる唯一の考え方』 ナシーム・ニコラス・タレブ 著, 望月衛 監訳, 千葉敏生 訳, ダイヤモンド社, 2017)

[35] Izrailevsky, Y., and A. Tseitlin. 2011. "The Netflix Simian Army." The Netflix Tech Blog. Retrieved on May 27, 2020, from https://netflixtechblog.com/the-netflix-simian-army-16e57fbab116

[36] Morrisong, A., and B. Parker. 2013. PWC, Technology Forecast: A Quarterly Journal 2

[37] Stephenson, N. 2015. Seveneves. The Borough Press. ISBN: 0062190377. (『七人のイヴ』 ニール・スティーブンスン 著, 日暮雅通 訳, 早川書房, 2018)

[38] Manning, F. J. 1991. "Morale, Unit Cohesion, and Esprit de Corps " In R. Gal and A. D. Mangelsdorff, eds., Handbook of Military Psychology, pp. 453-470. New York: Wiley.

[39] Floryan, M. 2016. "There Is No Spotify Model." Presented at Spark the Change conference. Retrieved on May 27, 2020, from https://www.infoq.com/presentations/spotify-culture-stc/

[40] Bonabeau, E. 1999. "Editor's Introduction: Stigmergy." Artificial Life 5(2): 95-96. doi:10.1162/106454699568692. ISSN: 1064-5462.

[41] Heylighen, F. 2007. "Why Is Open Access Development So Successful? Stigmergic Organization and the Economics of Information." In B. Lutterbeck, M. Bärwolff,

and R. A. Gehring, eds., Open Source Jahrbuch. Lehmanns Media.

[42] Heylighen, F., and C. Vidal. 2007. Getting Things Done: The Science behind Stress-Free Productivity. Retrieved on May 27, 2020, from http://cogprints.org/6289

[43] Rotter, J. B. 1966. "Generalized Expectancies for Internal versus External Control of Reinforcement." Psychological Monographs: General and Applied 80: 1-28. doi:10.1037/h0092976

[44] Janlén, J. 2015. 96 Visualization Examples: How Great Teams Visualize Their Work. Leanpub. (『アジャイルコーチの道具箱——見える化実例集』 Jimmy Janlén 著, 原田騎郎, 吉羽龍太郎, 川口恭伸, 高江洲睦, 佐藤竜也 訳)

[45] Harrison, O. H. 2008. Open Space Technology: A User's Guide. Berrett-Koehler Publishers. ASN: 978-1576754764.

エピグラフ
　　第 1 章　『ウォーキング・デッド』©TWD productions LLC Courtesy of AMC.
　　第 4 章　『ゾンビサバイバルガイド』森瀬 繚 翻訳監修, エンターブレイン, 2013 年.
　　第 6 章　『ウォーム・ボディーズゾンビ R の物語』満園 真木 訳, 小学館, 2012 年.
　　第 7 章　『WORLD WAR Z』浜野 アキオ 訳, 文藝春秋, 2013 年.
　　第10章　『高慢と偏見とゾンビ』安原 和見 訳, 二見文庫, 2010 年.
　　第13章　『ウォーキング・デッド』©Gene Page/AMC.

索引

ゾンビスクラムサバイバルガイド
──健全なスクラムへの道

令和 4 年 9 月 30 日　発　行

訳　者　　木　村　卓　央
　　　　　高江洲　　　睦
　　　　　水　野　正　隆

発行者　　池　田　和　博

発行所　　丸善出版株式会社
〒101-0051　東京都千代田区神田神保町二丁目17番
編集：電話 (03) 3512-3266／FAX (03) 3512-3272
営業：電話 (03) 3512 3256／FAX (03) 3512-3270
https://www.maruzen-publishing.co.jp

組版印刷・製本／三美印刷株式会社

ISBN 978-4-621-30739-7　C 3055　　　　Printed in Japan